HUNDE
VERHALTEN
verstehen

Müller Rüschlikon

Petra Krivy
Udo Gansloßer

Mein Hund zeigt AGGRESSIONEN

Müller Rüschlikon

IMPRESSUM

Einbandgestaltung: R 2 I Ravenstein, Verden

Bildnachweis: Carsten Balnski: Titelbild, S. 2; Ionela Lea Bühl: S. 21, 88; ©Butch - Fotolia.com: Seite 13; ©cs8100 / pixabay.com: S. 43; Melanie Drecker: S. 126; ©Uschi Dreiucker / pixelio.de: S. 23, 64; ©F.H.M. / pixelio.de: S. 63; ©Oliver H. / pixelio.de: S. 114; ©Friedrich Hardt – Fotolia.com: S. 85; ©Jenny Horn / pixelio.de: S. 29; Frank Kauffeldt: S. 12, 54, 82, 83, 99, 100, 101, 102, 103; ©Karsten Kettermann / pixabay.com: S. 24; ©Rüdiger Knappe / pixelio.de: S. 27; ©Daniel Kocherscheidt / pixelio.de: S. 117; Petra Krivy: S. 8, 41, 50, 58 (Tabelle), 70, 110; Angelika Lanzerath: S. 52; ©Annette Lassen / pixelio.de: S. 120; ©Kurt Michel / pixelio.de: S. 73; ©Mindchanger / piqs.de: S. 26; ©Verena N. / pixelio.de: S. 49; ©Jürgen Nießen / pixelio.de: S. 60; ©pepsprog / pixelio.de: S. 118; Brigitta Pertschy: S. 6, 107, 108, 112, 122; ©pixabay.com: S. 16; ©pexels.com / pixabay.com: S. 9, 14/15, 18, 32, 35; ©Phebe77 / pixabay.com: S. 98; ©Jennifer Piepenbring / pixelio.de: S. 92; ©Steve Prinz / pixelio.de: S. 90; ©Rike / pixelio.de: S. 36, 95; ©Ryposte / pixabay.com: S. 39; ©A.S. / pixelio.de: S. 79; ©Helmut J. Salzer / pixelio.de: S. 33, 56; Madelaine Schmitz: S. 46; ©Dieter Schütz / pixelio.de: S. 30; ©Karin Schumann / pixelio.de: S. 105; Daniela Sommerfeld: S. 80; ©Anita Stöwesand / pixelio.de: Umschlagrückseite, S. 111; ©Angelina Ströbel / pixelio.de: S. 55; Thieme Medical Publishers (Tabelle): S. 87, 115; ©tomkov / pixabay.com: S. 68; Ira Vaculik: S. 10, 38, 66, 76; ©Markus Walti / pixelio.de: S. 44; ©Andreas Willfahrt / pixelio.de: S. 51;

ISBN 978-3-275-02101-7

Postfach 103743, 70032 Stuttgart
Ein Unternehmen der Paul Pietsch Verlage GmbH & Co. KG
Lizenznehmer der Bucheli Verlags AG, Baarerstr. 43, CH-6304 Zug

1. Auflage 2017
Sie finden uns im Internet unter www.mueller-rueschlikon-verlag.de

Lektorat: Claudia König
Innengestaltung: R 2 I Ravenstein, Verden
Druck und Bindung: Graspo CZ, 76302 Zlin
Printed in Czech Republic

INHALT

HUNDE VERHALTEN verstehen

Mein Hund zeigt AGGRESSIONEN

EINLEITUNG

»Immer nur lächeln und immer vergnügt, immer zufrieden, wie's immer sich fügt.«

So heißt es im »Land des Lächelns«, einer Operette von Franz Lehár (1870–1948). Und obwohl es jedem realistisch denkenden Menschen klar ist, dass dieses Ansinnen nicht einmal als Poesiealbum-Spruch gut geeignet ist, scheint mancher Hundebesitzer gerade diese Maxime für seinen Vierbeiner und das Leben mit ihm im Alltag zu favorisieren. Dabei wird dann zunehmend das »Bitte-recht-Freundlich« zur pauschalen Alltagsnorm einer vierbeinigen »Die-tun-nix-und-wollen-nur-spielen«-Hundegesellschaft. Auch, wenn immer mehr diese »Norm« als allgemeingültig ansehen (wollen!), richtig(er) wird sie dadurch keinesfalls!

»Gegen Dummheit kämpfen Götter selbst vergebens.«

(Friedrich von Schiller)

Und damit sind wir beim Kern des Inhalts dieses Buches: Es soll er- und aufklären, es soll informieren, verdeutlichen, es soll aufzeigen, warum »immer nur freundlich« völlig abwegig, nicht realistisch, sogar lebensgefährlich und dumm sein kann. Es soll darlegen, warum Aggression und deren Ausdrucksformen zuerst einmal nur eins ist, nämlich normal, biologisch wichtig und existenzieller Teil des Ausdrucks- und Konfliktlösungsverhaltens – übrigens bei allen Säugetieren,

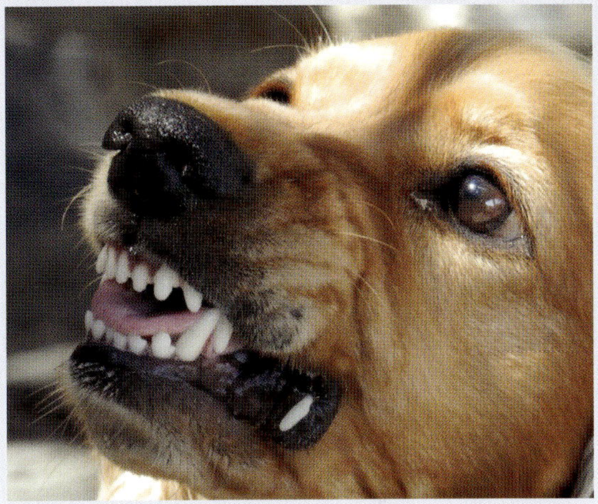

Den fröhlichen, freundlichen Hund will man haben, nicht aber einen Vierbeiner, der Zähne zeigt

so auch bei uns Menschen. Wir werden aber auch auf das zu sprechen kommen, was Aggression und den Umgang mit ihr im Alltag wirklich schwer macht und zu berechtigten Hilferufen führt (und die Hilfe sollte dann auch gesucht und angenommen werden!). Das betrifft im Wesentlichen das Feld der unangemessenen, unangepassten/übersteigerten, unkontrollierten Aggression. Dabei muss aber an dieser Stelle deutlich darauf hingewiesen werden, dass die nachfolgenden Seiten keine Pauschallösungen und/oder XY-Trainingsansätze geben (können!). Wie bereits bei unserem Buch »Mein Hund hat Angst«, so müssen wir auch hier betonen, dass dies **kein** Trainingsbuch ist! Problematische – oder auch als problematisch empfundene! – Aggressionsformen bedürfen genauer Ursachenanalyse, exakter Bestimmung des Mensch-Hund-Miteinanders und eines individuell angepassten Trainingprogramms. Das kann kein Buch leisten! Auch vor eigenexperimentellem Vorgehen nach moderner DIY-YouTube-Anleitung kann nur gewarnt werden. Und das »Besprechen und Ratholen« in mehr oder weniger einschlägigen Internetgruppen und -foren, führt auch meist zu 20 Ansätzen von 30 »Ratgebern« (oder auch mal umgekehrt), von denen mindestens 99,5 % unsinnig bis gefährlich sein können und das Kernproblem gern verschlimmern, statt den Weg zur Wende zu weisen bzw. weisen zu können. Eine Studie aus Großbritannien (Orritt et al, 2016) zeigt einen ganz deutlichen Zusammenhang auf: Wer sich »Rat« bei Nachbarn, Freunden oder im Internet holt, geht ein statistisch erheblich höheres Risiko ein, mit menschengerichteter Aggression oder einem Beißvorfall konfrontiert zu werden! Deshalb gehören solche individuellen Probleme in ein individualisiertes Einzeltraining unter kompetenter Anleitung!

Auch bei Hunden untereinander geht es nicht immer »gewaltfrei« ab, dennoch begegnen sich z. B. diese Beiden nicht aggressiv.

Auch in unserer Seminartätigkeit machen wir immer wieder die Erfahrung, dass Hundehalter und -innen sehr wenig differenziert mit dem Thema Aggression umgehen. Wenn wir für ein Seminar mit Praxisanteil aggressive Tiere vorgestellt haben möchten, werden uns meistens eher ängstliche, unsichere oder zurückhaltende Hunde präsentiert, die eben bisweilen auch mal »Grrr« sagen, wenn sie sich anders nicht zu helfen wissen. Das sind aber keine aggressiven Hunde, sondern entweder unsichere oder bisweilen sogar sozial kompetente Tiere, die eben auch ihre Individualdistanz und andere Ansprüche einfordern. Wenn wir wirklich aggressive Hunde zeigen wollen, dann bleibt fast immer nur die Kooperation mit einem befreundeten Tierheim und den entsprechend kompetenten Pflegern, die uns dann solche echten »Granaten« vorführen können.

In ähnlich undifferenzierter Weise wird in der Hundeszene der oft mit Aggression verwechselte Begriff der Gewalt angesehen. Gerade die Worthülse des »gewaltfreien Hundetrainings« ist es, die hier noch für zusätzliche Verunsicherung sorgt. Deshalb haben sich in unserer Arbeitsgruppe einige Mitarbeiterinnen speziell um dieses Thema bemüht. Nach langer, anfangs fruchtloser Literaturrecherche, vor allem in den Disziplinen der Philosophie und Ethik, die eigentlich für dieses Thema zuständig wären, haben Bettina Hinte-Breindl und Udo Gansloßer eine Gewaltdefinition zu finden versucht, die allen Aspekten des Umgangs mit nicht menschlichen Lebewesen gerecht werden kann.

GEWALT(-FREIHEIT): EINE BEGRIFFSBESTIMMUNG

Der Begriff der Gewalt ist vielgestaltig, und es existiert vielleicht entgegen der Erwartung keine allgemein anerkannte Definition. Hierfür können mindestens drei Gründe ausgemacht werden:

1. Die Philosophie, der die Aufgabe zukommt, neutrale und ganz genaue Definitionen für Begriffe zu ermitteln, hat den Begriff der Gewalt vernachlässigt.
2. Der Begriff der Gewalt wird in den unterschiedlichsten Disziplinen und Kontexten verwendet (zum Beispiel Recht, Politik, Sozialwissenschaften, Psychologie, Schule, Familie ...).
3. In der deutschen Sprache hat der Begriff Gewalt zwei verschiedene Bedeutungshorizonte. Zum einen steht »Gewalt« für beispielsweise »öffentliche Gewalt« oder »Staatsgewalt«: »Gewalt« in diesem Sinne bezeichnet eine Kompetenz. Zum anderen steht »Gewalt« für beispielsweise »etwas mit Gewalt tun«: »Gewalt« in diesem Sinne bezeichnet eine Aktion. In anderen Sprachen werden die beiden Bedeutungshorizonte mit zwei verschiedenen Begriffen beschrieben, so im Englischen mit »Power« (als Kompetenzbegriff) und mit »Violence« (als Aktionsbegriff).

Die Vielgestaltigkeit des Gewaltbegriffs gilt schon in Bezug auf Menschen. Mit der Frage, wie Gewalt gegenüber Tieren – und damit auch gegenüber Hunden – zu definieren ist, hat sich noch kaum jemand überhaupt grundlegend beschäftigt. Und dennoch wird viel darüber gesprochen und geschrieben.

»Gewaltfreie Hundeerziehung« ist in vieler Munde. Doch was ist damit gemeint, wenn »gewaltfrei« gearbeitet wird? Welche Methoden sind tatsächlich als »gewaltfrei« einzustufen und welche nicht? Und woran können wir dies messen?
Klar ist, dass es um »Gewalt« als Aktion und nicht um »Gewalt« als Kompetenz geht. Weniger klar, dabei aber enorm wichtig, ist es anzuerkennen, dass »Gewalt« nicht auf die körperliche Dimension eingeschränkt werden darf! Die psychische Dimension ist ebenso relevant und gerade hier ist es oft schwieriger, Gewalt von Menschen gegenüber Hunden zu entlarven. Umso wichtiger ist es, hierfür ein Bewusstsein zu schaffen. Um zwei populäre Beispiele psychischer Gewalt des Menschen gegenüber dem Hund zu nennen, denke man an das vollständige Ignorieren des hoch sozialen Hundes oder auch ans »nothing in life is free«. Ebenso wäre es ein Fall von psychischer Gewalt, würde einem Hund der Kontakt zu anderen Hunden vorenthalten oder ihm kein ausreichender Raum geschaffen werden, zur Ruhe kommen zu können.

Für den Alltag kann sich an der folgenden Kurzdefinition (entstanden im Zuge des Promotionsprojekts von Bettina Hinte-Breindl unter der Leitung von PD Dr. Udo Gansloßer »Gewalt(-freiheit) in der Hundeerziehung«) orientiert werden:

Kurzdefinition »Gewalt Mensch → Hund«
Es liegt genau dann ein Fall von Gewalt Mensch → Hund vor, wenn ein Mensch die Grundbedürfnisse eines Hundes verletzt.

Die Grundbedürfnisse eines Hundes müssen abgedeckt werden.

Die Grundbedürfnisse erstrecken sich dabei eben nicht nur auf die physische, sondern auch auf die psychische Ebene. So ist es einerseits als Grundbedürfnis anzuerkennen, frei von Schmerzen zu sein. Doch auch die Freiheit von Leid, womit per definitionem die psychische Dimension angesprochen ist, gilt als Grundbedürfnis. Für eine erste Orientierung in Bezug auf die Grundbedürfnisse von Hunden kann man sich an den »Fünf Freiheiten« orientieren, die in den frühen 1990er Jahren formuliert wurden und das Denken des Tierschutzes und des Tierwohls stark beeinflusst haben (für eine relevante kritische Auseinandersetzung mit den »Fünf Freiheiten« siehe Mellor, David J.: Updating Animal Welfare Thinking: Moving beyond the »Five Freedoms« towards »A Life Worth Living«, animals, März 2016).

Die Fünf Freiheiten sind:

- Freiheit von Hunger, Durst und Fehlernährung
- Freiheit von Schmerz, Verletzung und Krankheit
- Freiheit von Angst und Leiden
- Freiheit von haltungsbedingten Beschwerden
- Freiheit zum Ausleben normalen Verhaltens

Eine genauere Ausformulierung der Grundbedürfnisse unserer Haushunde ist wünschenswert. Dabei muss einerseits der Haushund als Überkategorie betrachtet werden, aber auch jede Rasse und vor allem jedes Individuum einzeln. Die Grundbedürfnisse unserer Hunde unterscheiden sich im Detail von Individuum zu Individuum. Der eine Hund braucht mehr Sozialkontakt als der andere. Den einen lässt ein Geräusch kalt, der andere generalisiert von dieser Situation ausgehend Angst. Der eine Hund tut es als merkwürdige Eigenschaft seines Halters ab, ihn ständig hochzuheben und an den Schnurrbarthaaren zu ziehen, der andere versucht dem Körperkontakt zu entkommen – mit welchen Mitteln auch immer. Es gilt also, die Grundbedürfnisse unserer Hunde zu schützen und dabei den einzelnen Hund so gut zu verstehen, dass dieser Schutz auf ihn maßgeschneidert werden kann. Dann erziehen und arbeiten wir gewaltfrei und dann lernen Hunde gewaltfrei.

Wie sich daraus ergibt, ist Gewalt keineswegs nur auf die Ausübung von körperlicher Gewalt zu begrenzen, sondern beinhaltet eben auch sehr viele Formen des psychischen Drucks, insbesondere dann, wenn dabei der Grundbedarf des Hundes in irgendeiner Art und Weise verletzt wird. Solange es aber keine wirklich allgemein überprüfbare, anwendbare Form der Gewaltdefinition gibt, ist dementsprechend auch der Begriff des gewaltfreien Hundetrainings eine reine Worthülse. Wer nicht weiß, was Alkohol ist, kann und sollte kein alkoholfreies Bier anbieten.

Das hätte mancher gern: Den Ausschaltknopf für unerwünschte Verhaltensweisen!

Wir hoffen sehr, dass wir Ihnen mit den nachfolgenden Ausführungen Zusammenhänge aufzeigen können und Sie im weiteren Verlauf befähigen, »normal« von »bedenklich« zu unterscheiden, »brenzlige Situationen« zu erkennen und entschärfen zu können, gemeinsam mit Ihrem Hund angemessene Konfliktstrategien zu entwickeln und zu verinnerlichen. In diesem Sinne grüßen wir freundlich, wir wollen nur informieren ...

Immer nur lächeln
und immer vergnügt,

immer zufrieden,
wie's immer sich fügt.

FRANZ LEHÁR

WAS ALLES ALS AGGRESSION ANGESEHEN WIRD –

ABER MANCHMAL GAR KEINE AGGRESSION IM BIOLOGISCHEN SINN IST

Was ist Aggression?

Aggression ist verpönt, negativ, unerwünscht, darf auf keinen Fall vorkommen, muss strikt unterbunden werden, ist gefährlich und schuld an vielem. So meint der Mensch ...

Aber ist dem wirklich so? Ist Aggression wirklich immer und in jeder Situation eine bedenkliche Verhaltensstörung, die den Hund zum Psychopathen abstempelt? Und ist wirklich alles als Aggression anzusehen und zu definieren, was Mensch so empfindet und bewertet? Ist Aggression angeboren und beruht auf einem »Aggressionsgen«, wie viele Politiker argumentieren und damit ihre Gesetz- und Verordnungsgebungen begründen, oder entwickelt sie sich im Verlauf des Hundelebens? Liegt die Ursache für dieses Verhalten wirklich immer am anderen Ende der Leine? Ist der Hund »schuld« oder der Mensch, die Haltungsbedingungen, das Mensch-Hund-Team, die Vergangenheit des Hundes, seine Abstammung – oder was? Und wenn Aggression gezeigt wird, wie geht man damit um? Viele Fragen wirft dieses ungeliebte Thema für den Hundehalter, aber auch für die mit Hunden konfrontierte Gesellschaft, auf. Ebenso viele Mythen, Fehlinterpretationen und falsche Ansichten bestehen parallel. Und das ist die Crux des Gesamten! Aggression beim Hund – das ist kein schönes Thema! Wer will schon eine aggressiv um sich beißende, randalierende »Töle« in seinem Umkreis haben? Und wer möchte sich als Besitzer einer vierbeinigen »Bestie« outen? Und schon sind wir mitten im Dilemma ...

Die freie Enzyklopädie Wikipedia definiert Aggression wie folgt: »Aggression (vom lateinischen aggressio/aggredi = heranschreiten, sich nähern, angreifen) ist ein Verhalten mit der Absicht, Anderen zu schaden.«

Diese selten dämliche Definition ist genau ein Ausdruck dessen, was in den Köpfen vieler Menschen herumspukt. Wie wir in einem späteren Kapitel zeigen werden, ist nach verhaltensbiologischen und auch nach der Mehrheit der psychologischen Definitionen Aggression eben nicht darauf ausgerichtet, anderen zu schaden, sondern sich selbst zu nützen. Die Einhaltung von Individualdistanz,

»Everybody's Darling« zu jeder Zeit und immer, so etwas gibt es bei Lebewesen eigentlich eher nicht.

die Durchsetzung eigener Ansprüche auf Ressourcen, aber auch die Selbstentfaltung oder der Schutz eines hochwertigen Beziehungspartners sind es, die jemanden auch dann aggressiv reagieren lassen, wenn er entweder keinen anderen Ausweg sieht oder alle anderen Wege bereits erfolglos versucht hat. Schadet er dabei dem anderen, führt dies zu einem Kollateralschaden, der manchmal unumgänglich, manchmal aber auch vermeidbar ist. Aber es ist nicht die zentrale Absicht, dem anderen zu schaden, sondern seinen eigenen Gleichgewichtszustand mit sich und der Umwelt wieder herzustellen. Näheres dazu im späteren Kapitel.

Durch solche Definitionen aber wird der negative Beigeschmack des Begriffs Aggression leicht verständlich, denn wenn die Absicht nur in der

Schädigung Anderer besteht, lässt sich schwerlich Positives oder gar normal Nützliches erahnen. Doch stellt auch Wikipedia fest, dass »die negative Bewertung von Aggression, die nur die destruktiven Seiten betont, nicht generell geteilt« wird und führt weiter aus, dass »innerhalb der Psychotherapie (...) Aggression zunächst einmal als notwendige Form der Erregung angesehen wird, die z. B. dazu dient, Hindernisse zu beseitigen oder Neues aus der Umwelt für den Organismus assimilierbar zu machen«. Da sich diese Ausführung auf menschliches Aggressionsverhalten bezieht, erfolgt die Abgrenzung zum restlichen Tierreich wie folgt: »Im Tierreich ist aggressives Verhalten weit verbreitet. Es wird von Verhaltensbiologen meist dahingehend interpretiert, dass es dem direkten Wettbewerb um Ressourcen, der Fortpflanzung oder dem Nahrungserwerb dient (Räuber-Beute-Beziehung).« Aber auch hier irrt Wikipedia: Beutefang wird schon lange nicht mehr zur Aggression gezählt. Es wird daher – speziell seitens der Ethologie – häufig auch als agonistisches Verhalten oder als `Angriffs- und Drohverhalten´ bezeichnet und mit spezifischen Auslösern (Schlüsselreizen) in Verbindung gebracht.

Egal, ob Mensch oder Tier: Aggressives Verhalten setzt immer eine gehörige Portion Aktivität voraus. Im wahrsten Sinne des Wortes wird ein Problem, eine Konfliktsituation aktiv »in Angriff genommen«. Daran ist zuerst einmal nichts Negatives zu sehen, und auch nicht immer geht diese Aktivität zwangsläufig mit der in obiger Definition angesprochenen Schädigungsabsicht einher, weder Hand in Hand, noch Pfote in Pfote.

Unumstritten ist die Tatsache, dass aggressive Verhaltensweisen bestimmte neuronale Funktionen auslösen bzw. durch diese gesteuert werden, Hormone und Botenstoffe des Stresssystems und andere sind wesentlich an der Ausprägung und Auswirkung beteiligt. Hierzu später mehr. Wichtig und wesentlich ist vorerst zu verstehen, dass Aggression nicht grundsätzlich negativ und falsch ist, sondern eine biologische Funktion hat und Bestandteil des Kommunikationssystems ist, also ein biologisches Normalverhalten und keine pathologische Verhaltensstörung darstellt! Aus diesem Grund muss der Mensch sich davor hüten, den Hund zum »Übermenschen« verkommen lassen zu wollen, der »lieb Kind« mit Allem und Jedem ist, sich kommentarlos alles bieten und gefallen lässt, was ihm so im Alltag passiert und begegnet, und sich dauerhaft und permanent nur als »everybody's darling« präsentiert. Sich also so zeigt, wie ein Mensch sich niemals zeigen würde bzw. aber es leider heute immer sollte.

Aggression als Kommunikationsform

Aggression hat verschiedene Aufgaben im Leben eines Tieres zu erfüllen und ist für dieses überlebensnotwendig. Auch, wenn wir im Gutmenschentum nur sanfte, leise, verständnisvolle, rosarote Umgangsformen zwischen Lebewesen postulieren wollten, in Bezug auf das Tierreich stoßen wir da an Grenzen (im »Menschenreich« letztlich auch) und verkennen die Realität. Wir müssen uns freimachen von der negativen Bedeutungszumessung und die biologischen Hintergründe aggressiven Verhaltens verstehen. Nur dann können wir auch die Abgrenzung zu übersteigertem Aggressionsverhalten erkennen, wie bereits gesagt wurde. Aggressionen im Tierreich – und somit auch bei unseren Hunden – dienen in erster Linie der Regulierung des Organismus´ und stellen eine Reaktion auf störende bzw. individuell als störend empfundene Umwelteinflüsse dar. Der zu den Regulierungsvorgängen dazugehörige Fachbegriff lautet `Homöostase´, was bedeutet, dass ein Gleichgewicht zwischen der individuellen Erwartung und dem erlebten Status quo herzustellen versucht wird. Die Bewältigung von stressbehafteten Konfliktsituationen wird als `Coping´ bezeichnet. Vereinfacht zusammengefasst könnte man sagen, dass hierbei der Organismus durch Bereitstellung der entsprechenden Hormone versucht, sich auf eine bestimmte Situation einzustellen und diese damit wieder unter eigene Kontrolle zu bringen. Coping-Mechanismen spielen in jeglicher Form von Konfliktmanagement eine große Rolle und gehen meist mit Veränderungen im Botenstoffhaushalt des Lebewesens einher. Homöostase (Regulierung) und Coping (Bewältigung) bilden also ein Team des Konfliktmanagements. Da sich die »wünschenswerten« Sollwerte in einem Regelkreis auch ändern können, spricht man heute aber meist nicht von Homöo-, sondern von Allostase. Zwei Beispiele: Wenn Sie abends in die Disco gehen wollen, haben Sie einen anderen inneren Sollwert für Individualdistanz, als wenn Sie auf einer Parkbank vor einer Prüfung nochmal sich sammeln und konzentrieren wollen. Und wenn Sie freiwillig in die Sauna gehen, haben Sie eine andere Vorstellung von wünschenswerter Außentemperatur, als wenn Sie zwei Festmeter Kaminholz hacken sollen.

Zum Verständnis von aggressiven Verhaltensweisen ist wesentlich, dass das gezeigte Verhaltensrepertoire eines Hundes korrekt eingeordnet wird. In diesem Zusammenhang soll deshalb an erster Stelle darauf hingewiesen werden, dass Verhaltensweisen rund um das Beutefangverhalten nichts (!) mit Aggression zu tun haben! Sie müssen nicht wütend auf Ihr Schnitzel sein, und der Löwe hat auch keine Wut auf die Antilope, die er fängt. Das sieht man übrigens sehr schön auf manchen Filmaufnahmen von Freilandwölfen: Beim Verfolgen selbst großer, wehrhafter Hirsche sind sie sehr entspannt in Mimik und Fell, bei Auseinandersetzungen mit Bären z. B. sieht man aggressive Mimik, Fellsträuben usw.

Dennoch ist es gerade das Beutefangverhalten, das vielen Hundehaltern das Leben mit ihrem vierbeinigen Sozialpartner »zur Hölle« macht. Jogger, Fahrradfahrer, Wild, Schmetterlinge auf der Wiese und vielleicht sogar die Lichtreflexe an der Wand – alles wird verfolgt und »gejagt«. Mancher Hund wurde bereits ordnungsbehördlich auffällig und als »aggressiv« eingestuft, weil sein übersteigertes Beutefangverhalten zu ernsthaften Zwischenfällen geführt hat. Dennoch haben wir es hier nicht mit einer »echten« Aggression zu tun. Somit ist der Terminus `Beuteaggression´ völlig fehlgenutzt, fachlich als Begriff abzulehnen und bedeutet nicht, dass ein Tier in Bezug auf sein als Beute angesehenes Gegenüber aggressiv ist,

Die Mimik eines Hundes lässt für Viele Raum für Spekulationen. Dieser Old English Bulldog wäre für eine Zeitung mit vier Buchstaben einen reißerischen Aufmacher wert. Dabei ist diese lediglich ausgelassen auf begeisterter Jagd nach einem geworfenen Spielzeug!

sondern dass ein Tier im Sinne von Wettbewerbsaggression seine gemachte Beute als Ressource ansieht und verteidigt. Unangenehm bleibt es allemal, und manch ein Hund mit übersteigertem Beutefangverhalten ist in der Öffentlichkeit wesentlich gefährlicher als ein aggressiver Hund! Gerade die Tatsache, dass nun wiederum Hüteverhalten aus selektiver Überhöhung mancher Elemente des Beutefangs entstand, macht hier Hütehundrassen und »Allrounder-Hirtenhunde« besonders anfällig für diese Probleme! Deshalb sind ja auch viele der schlimmsten Unfälle bzgl. »Hund gegen Kind« im öffentlichen Raum, wie Kooperationsforschungen von Gerichtsmedizinern mit Hundefachleuten zeigen, aus fehlgesteuertem Beutefang und NICHT aus Aggression entstanden.

FALL BEISPIEL

Sportstunde mit Todesfolge

Es war durch alle regionalen Medien gegangen: Auf einem Hundesportplatz gab es einen Zwischenfall, den ein Hund mit dem Leben bezahlte. Was war passiert? Die Berichte der Anwesenden gaben zuerst nur Auskunft darüber, dass der eine Hund, eine Art altdeutscher Schäferhund, seinen Hindernis-Sportparcours ablief, während ein Zuschauer mit einem Kleinhund am Rand des Sportfeldes saß und den Ablauf verfolgte. Zum Schluss des Parcourslaufs habe es den Unfall gegeben, bei welchem der größere Hund den kleinen durch eine Beißattacke tödlich verletzte. Angeblich kannten sich die Hunde und angeblich war der große Hund bislang auch völlig unauffällig gewesen. Es erging eine Anzeige und eine Verhaltensüberprüfung wurde ordnungsbehördlich angeordnet.

Die Verhaltensüberprüfung in verschiedensten Umgebungen und mit unterschiedlichster Reizkonfrontation ergab vorerst keinerlei Auffälligkeiten. Der Hund war ausgesprochen freundlich zu Menschen, völlig desinteressiert an vorbeipassierenden Artgenossen, sehr gehorsam in selbst ausgesprochen ablenkungsstarken Situationen und schien durch und durch »klar im Kopf«. Musste der Fall als eine »Dumm-gelaufen-Situation« abgeheftet werden, die als ausgesprochen traurig, aber eben geschehen angesehen werden musste? Wurde irgendetwas übersehen?

Der gesamte Ablauf des tragischen Tages wurde noch einmal akribisch durchgesprochen: Wann wurde was wie gemacht? Was genau wurde vor dem Vorfall geübt? In welcher Verfassung befand sich der Hund, so der Besitzer dies (noch) sagen konnte? Langsam kamen weitere Aspekte ans Tageslicht, die dazu führten, den Hund einmal mit einem potentiellen Beutestück zu konfrontieren, hier in Form eines großen Stocks. Bei dem Hund schien ein Schalter umgelegt zu sein. Von jetzt auf gleich war er kaum zu halten, drängte mit vollem Körpereinsatz nach vorn Richtung Stock, attackierte den Stockhalter und jiffte und kläffte ununterbrochen. Als er den Stock erreichte und ein Stück abbeißen konnte, war es dem Besitzer nicht möglich, ihm dieses wieder abzunehmen. Nur die Gier nach dem eigentlichen Stock ließ ihn das Stückchen ausspucken und dem großen Teil erneut entgegenstreben. Beim Schwenken und späteren Wegschmeißen des Stocks war der Hund nur dadurch vom Besitzer zu halten, weil dieser darauf vorbereitet war und bereits im Vorfeld einen

Laufen kann regelrecht berauschen - und übermütig machen.

sicheren Stand und Halt gesucht hatte. Auf die Frage, was denn wohl passieren könnte, wenn plötzlich spielende Kinder mit Ball oder schwingenden Stöcken, Schlägern oder Ähnlichem um die Ecke kommen würden, musste der Besitzer zugeben, dass das kompliziert werden könnte. Von dem relaxten, friedfertigen Hund von vorher war quasi nichts mehr vorhanden. Wie bei Dr. Jekyll und Mr. Hyde!

Nun wurden der Vorgang, aber auch die Übungsaufbauten und Trainingsabläufe auf dem Hundeplatz und speziell bei dem vorgestellten Hund nochmals durchgesprochen. Dabei stellte sich heraus, dass die Geräte im Training unter Zuhilfenahme von Spielzeug (Beute) und Futter (ebenfalls Beute) antrainiert wurden. Ein komplett durchlaufener Parcours wurde im Training abgeschlossen, indem ein Spielzeug weggeworfen wurde, hinter welchem der (durch die schnellen Renn-, Spring-, Kriech- und Klettereinlagen des Parcours erheblich hochgepuschte) Hund herjagen durfte. So wurde die Erwartungshaltung des Hundes bis zur letzten Minute hochgehalten, meinte der dortige Trainer, was bei Prüfungsläufen »im Ernstfall« gute Punkte garantieren würde. Nun ja, der »Ernstfall« verlief nun eben hier ganz anders und in anderem Zusammenhang. Da, wo sonst das Spielzeug hinflog, saßen dieses Mal eben Mensch und Kleinhund.

Gerade der Cocktail aus den Botenstoffen des Selbstbelohnungs- und Suchtsystems wird besonders – und gerade bei Hunden! – auch durch schnelle, rhythmische oder gleichbleibende Bewegungen aktiviert. Es ist mittlerweile belegt, dass Hunde bei schneller, gleichmäßiger Bewegung, sei es Trab oder Galopp, dieselben Endorphinausschüttungen im Gehirn haben wie menschliche Langstreckenläufer. Das beim menschlichen Langstreckenläufer als »Runners' High« bezeichnete Rauschsyndrom, kann also auch bei Hunden durch diese schnellen Bewegungen erreicht werden. Und Endorphine haben ihren Namen ja aus der Zusammenziehung der beiden Worte »endogene Morphine«, sind also körper- bzw. gehirneigene Suchtmittel.

Eine ausgelassene Jagd nach dem Ball löst eine hormonelle Reaktion im Gehirn aus, die bei manchem Vierbeiner zu Verhaltensproblemen führen kann (nicht muss!).

Auch das Dopamin selbst kann durch seine stark belohnende und auch vorausschauende Wirkung zur Entstehung von Sucht beitragen. Wird nun dieses System, bspw. durch die immer wiederholten schnellen Erfolgserlebnisse eines Übungslaufs im sportlichen Training, aufgepuscht, so sind auch die Reizschwellen für andere, verwandte Handlungen erniedrigt. Und viele sportliche Betätigungen entstammen nun einmal dem Funktionskreis des Jagd- und Beutefangs. Sobald eine Beutefanghandlung gestartet wurde, lässt sie sich kaum mehr stoppen. Es handelt sich hier wirklich um einen fast lawinenartigen Prozess im Gehirn, da jede Teilhandlung dieser Handlungskette die nachfolgenden Handlungen erleichtert (deren Reizschwellen senkt), die vorangehenden aber erschwert (deren Reizschwellen erhöht). Deshalb kommt auch der Hundehalter, der versucht, seinen Hund in dieser Situation zu stoppen, buchstäblich oftmals nicht mehr in den Hund hinein und kann keine weitergehenden regelnden Maßnahmen mehr ergreifen.

Hinzu kommt im geschilderten Fallbeispiel, dass es sich hier um ein typisches Geschehen verhaltensbiologischer Zusammenhänge handelt, die als Reizsummenregel oder einfacher als Reizsummation bezeichnet werden. Je mehr gemeinsame Reizqualitäten eine auslösende Situation mit einer im natürlichen Leben des Tieres vorkommenden auslösenden Situation aufweist, desto stärker wird dieser Reiz als attraktive Alternative zu einem möglicherweise vom Menschen gerade angebotenen Attrappenreiz wirken. Ein kleiner Hund, der Fell hat, sich bewegt und auch andere Kennzeichen des Lebens aufweist, ist eben eine stärker auslösende Situation als ein Dummy oder Apportel. Und auch, wenn Sie dem Dummy Hasenohren annähen würden, könnten Sie damit nicht verhindern, dass Ihr Hund selbst im Sprung noch von dem geworfenen Dummy abdreht und dem plötzlich hochspringenden echten Hasen hinterherrennt.

Was nichts mit »klassischer« Aggression zu tun hat!

Jagdverhalten

Es wurde bereits darauf hingewiesen, dass Jagdverhalten nicht mit Aggressionsverhalten verwechselt werden darf! Jagdverhalten unterliegt bestimmten auslösenden Reizen und wird von anderen Regionen des Gehirn gesteuert, als es beim Aggressionsverhalten der Fall ist. Weiter sind andere Hormone und Botenstoffe am Geschehen beteiligt. Das Weltbild des Hundes in Bezug auf Beute ist ziemlich einfach strukturiert und ihm näher gelegen als soziales Verhalten: Ist kleiner als ich und läuft weg = Hinterher! Wichtig in Bezug auf das Jagdverhalten ist die Auseinandersetzung mit den Rückkopplungsmechanismen des Hundes. Nur in der Phase des ersten, ungerichteten Appentenzverhaltens, also bei der Suche nach dem auslösenden Reiz, ist Jagdverhalten noch zu stoppen oder umzulenken! In dieser Phase kann ich dem Hund einen Alternativreiz anbieten, der erlaubt gejagt werden darf (z. B. beim Apportieren), ein Alternativverhalten abverlangen (z. B. das »Sitz«, um ihn anzuleinen) oder durch Umlenkung seiner Aufmerksamkeit Suchspiele o.Ä. mit ihm machen.

Ist diese Phase erstmal ungenutzt verstrichen, der Hund durchgestartet, um sein erwittertes oder erspähtes Ziel zu erreichen, ist die Rückkopplung, also die Rückbesinnung auf angebotene Alternativen (inklusive Rückruf), enorm erschwert bis fast unmöglich. Gansloßer beschreibt dies mit dem Bild einer Lawine, die umso schwerer bis gar nicht mehr zu stoppen ist, je weiter sie bereits nach dem Lostreten ins Rollen geraten ist.
Dazu kommt noch, dass durch Filtermechanismen, seien sie sensorischer Art, also auf der Sinnesebene angesiedelt, oder bezüglich Aufmerksamkeit oder kognitiver Verarbeitung im Gehirn, Störreize hier gar nicht durchdringen. Hunde, die in solchen Situationen vors Auto geraten, sind keine Selbstmordkandidaten, sondern eben zu vertieft in ihrer Verfolgungsarbeit! Wenn also die Halter dann klagen: »Der hört ja nicht!«, haben sie ausnahmsweise Recht!

Melissa Starling und ihre Co-Autorinnen (2013) haben sich allgemein über den Zusammenhang zwischen Erregung, Emotionalität und Beeinflussbarkeit von Hunden im Alltag beschäftigt. In vielen, zum Teil auch gezielt durchgeführten Beobachtungen und in einer Computersimulation konnten sie zeigen, dass bei der Kombination von hoher Erregung und hoher positiver Emotionalität ein Hund durch noch positivere, noch mehr gesteigerte, wertvollere Maßnahmen nicht abgelenkt werden kann. Vereinfacht gesagt: Ein Hund, der sich gerade aufmacht, einer Hasenfährte zu folgen, oder sogar den davonrennenden Hasen als Sichtreiz verfolgt, kann auch durch Winken mit halben Schweinen oder anderen leckeren Futterbelohnungen schwer davon abgehalten werden. Übrigens gilt dies höchstwahrscheinlich auch für die später zu besprechenden Lustraufer, also die aus positiver Emotionalität heraus aggressiv reagierenden Hunde. Hier müssen dann negative

Eingrenzungen erfolgen. Dies muss oder soll selbstverständlich nicht durch körperliche Gewalt geschehen. Wenn aber derzeit in vielen Regionen unseres Landes Hundetrainer bereits die Prüfung nicht bestehen, weil sie einen Hund körperlich blockieren oder in die Leine greifen, dann zeigt dies deutlich, wie wenig die betreffenden Behördenvertreter von der Verhaltensbiologie eigentlich verstehen. Ebenso selbstverständlich ist weiter, und das zeigen die Arbeiten von Melissa Starling eben auch, dass in der entgegengesetzten Kombination, nämlich negative Emotionalität und hohe Erregung, also bspw. bei sehr stark angst- oder furchtgesteuerter Aggressivität, nicht negativ eingegriffen werden darf. Wer das nicht unterscheiden kann, sollte besser nicht mit aggressiven Hunden arbeiten.

Dominanzverhalten

Häufig wird Aggressivität und Dominanz verwechselt bzw. gleichgesetzt, das ist falsch! Dominanz kennzeichnet die Beziehung zwischen Lebewesen, ist aber keine Eigenschaft. Es bedarf zwei oder mehrerer Individuen, um Dominanzverhalten zu demonstrieren.

Ein dominantes Lebewesen ist nicht ständig aggressiv und stänkerig, das hat es gar nicht nötig! Das dominante Lebewesen kommt, sieht und bekommt, was es haben will!

Jürgen Engel (2002) hat mal in einem Übersichtsartikel über 30 Verfahren zur Berechnung von Dominanz und Rangordnung verglichen. Nahezu alle setzen die Anzahl der gewonnenen zur Anzahl

Das dominante Lebewesen kommt, sieht und kriegt! Auf diesem Foto lässt sich erkennen, dass es sich um keine formal stabile Dominanz handelt. Der Austausch ist aggressiv, es findet eine Diskussion statt.

der begonnenen Auseinandersetzungen in Bezug. Und dabei kommen oben immer die raus, die nicht anfangen, sich aber problemlos behaupten, wenn sie angemacht werden!

Zudem zeigen etliche neurobiologische Studien, dass die einzige Gemeinsamkeit aller, als dominanzaggressiv bezeichneter untersuchter Hunde eine Störung im Serotoninstoffwechsel ist. Somit liegt eine mangelnde Fähigkeit zur Selbstbeherrschung und Affektkontrolle vor, nicht aber ein Statusbestreben. (Siehe auch Anmerkungen zu Dominanz im Kapitel 3, Aggression gegen Menschen, Seite 84.)

Zwischenartliches Konkurrenzverhalten

In der Natur gibt es ein natürliches Konkurrenzverhalten zwischen Raubtierarten unterschiedlicher Größe, die einander feindlich begegnen. Überbleibsel dieses Verhaltens lassen sich bisweilen bei mangelhaft sozialisierten Hunden finden, wenn beispielsweise ein großer Hund kleinere Hunderassen nicht als Artgenossen, sondern als ökologische Konkurrenten betrachtet, die seiner Meinung nach am besten schnell zu eliminieren sind. Dieses Verhalten resultiert letztlich daraus, dass dieser Hund in seiner Sozialisation nicht gelernt hat, dass es auch kleinere, anders aussehende und sogar anders kommunizierende Artgenossen gibt, mit denen man sich trotzdem in innerartlicher Weise abgeben, beschäftigen und auseinandersetzen kann und muss. Gerade in diesem Zusammenhang sind wieder gewaltige Risiken im Umgang mit kleinen und großen Hunden im Alltag verborgen. Hunde, die eben in ihrer Welpen- und Junghundezeit nicht gelernt haben, dass auch anders aussehende Hunde Artgenossen sind, tendieren umso mehr dazu, diese eben als zwischenartliche Konkurrenz zu betrachten. Nur wer in der Welpen- und Junghunde-Stunde gelernt hat, dass Hunde in sehr unterschiedlichen Größen, Gestalten, mit sehr unterschiedlichen Gesichtsausdrücken, Rutenhaltungen usw. herumlaufen, wird dann auch generalisieren, wenn er die 349. FCI-Rasse zum ersten Mal später in seinem Leben trifft.

Nur der Hund, der gelernt hat, dass seine Artgenossen sehr unterschiedliche Gestalt haben können, kann diese Tatsache generalisieren.

Wer aber nur mit Angehörigen seiner eigenen Größenkategorie oder gar mit Angehörigen seines eigenen Rasseclubs zu spielen und zu raufen gelernt hat, wird eben viele andere Hunde nicht als Artgenossen, sondern als nahe Verwandte, ökologische Konkurrenten oder Feinde betrachten – und womöglich der Meinung sein, dass diese dauerhaft zu entsorgen seien. Und dies gilt für die Kleinen, die die Großen dann als gefährliche Feinde und Monster betrachten, genauso wie für die Großen, die eben die Kleinen dann als zu beseitigende unliebsame Nahrungskonkurrenz ansehen können. Gerade in den Lebensgemeinschaften verschieden großer Hundeartiger in Nationalparks und Schutzgebieten sieht man diese Auswirkungen deutlich. Als zum ersten Mal in den 1990er-Jahren wieder Wölfe im Yellowstone-Nationalpark eingeführt wurden, stieg als erster der Bestand der Füchse, weil endlich jemand den Kojoten Einhalt gebot. Die Kojoten waren nämlich die stärksten Verfolger der Füchse. Ähnliches gilt für andere Lebensräume, in denen unterschiedlich große Arten der selben Gattung oder Familie des Tierreichs vorkommen.

Da hier gerade die Sozialisation angesprochen wird, soll an dieser Stelle auch darauf hingewiesen werden, dass eine soziale Isolation zur Aggressionssteigerung führt! Diese kann sich zwischen- wie innerartlich auswirken. Immer wieder berichtet die Presse von Vorfällen mit Zwingerhunden, deren Ausraster nicht unerheblich durch die isolierte Haltung begünstigt werden. Der Hund als soziales Lebewesen braucht einen Sozialpartner, nicht nur einen »Versorger«, der 1–2-mal pro Tag Futter bringt, einen Spaziergang ermöglicht und gelegentlich den Zwinger reinigt. Letztlich ist das zu wenig. Muss ein Hund aus einem triftigen Grund (so es einen solchen überhaupt gibt! Wir plädieren dafür, die reine Zwingerhaltung gänzlich zu verbieten) dauerhaft in einem Zwinger leben, so sollte dieser von der Größe deutlich über den Mindestanforderungen des Tierschutzgesetzes liegen und mindestens einen zweiten Hundekumpel mit beheimaten.

Wichtig: Isolation steigert Aggression – Isolation begünstigt die Entstehung von Aggressionsverhalten, da wichtige Lernprozesse des sozialen Miteinanders verhindert werden. Konfliktlösung über ritualisiertes Verhalten muss ebenso im innerartlichen Kontakt gelernt werden, wie die Kommunikation über Mimik und Gestik verfeinert und nuanciert werden muss – und dies bereits sehr früh. Hierin liegt auch der Sinn und eine wichtige Aufgabe einer kompetent geführten Welpengruppe, die vom Hundehalter regelmäßig besucht werden sollte!

Auch die sprichwörtliche Aversion zwischen Hund und Katz´ kann unter dem Aspekt »zwischenartliche Konkurrenz« betrachtet werden, obwohl natürlich auch die unterschiedliche Körpersprache von Hund und Katze Auslöser für »Missverständnisse« sein kann. Der Tatbestand eines die Katze jagenden Hundes ist also nicht automatisch ein Indiz für Aggressionsverhalten – auch wenn manche

Freundschaft zwischen Hund und Katz´gibt es durchaus, wie viele Hund-Katz´-Besitzer berichten können.

Hundeverordnungen uns dies so verkaufen wollen. Übrigens zeigen viele Untersuchungen und Erfahrungen, dass ein Zusammenleben von Hund und Katze in etlichen Familien problemlos funktioniert! Es bedarf dabei nur einiger Vorsicht und einer guten Vorbereitung bei der Zusammenführung.

Spiel

Auch Raufen, Balgen und Toben im Spiel sind keine Aggression. Das Spiel ist eine andere Form von Realität, genau wie das Träumen. Das zeigen nicht nur verhaltensbiologische Analysen. (Beim Spiel ist z. B. die absolute Freiwilligkeit die wichtigste Voraussetzung.) Das Auftreten von Selbsthandicap und Rollenwechsel zeigen ja auch die andere Motivation als bei der Aggression. Wenn ich jemanden als Störenfried aus meiner Umgebung vertreiben will, mach ich mich doch nicht extra klein, um ihn zum Weiterraufen zu überreden! Neurobiologische Untersuchungen zeigen, dass zwar auch bei ernsthafter Aggression unter bestimmten Bedingungen Dopamin als Selbstbelohnungssystem aktiviert werden kann, aber in ganz anderen Gehirnregionen als beim Raufen im Spiel. Und Entwicklungsstudien an verschiedenen Tierarten zeigen auch keinen Zusammenhang zwischen Raufen als Spiel und späterer Aggressionsbereitschaft, im Gegenteil: Durch ihre höhere Sozialkompetenz sind Menschen und andere Tierarten, die raufen durften, oft besonders gesellschaftstauglich (siehe auch Seite 71 > Kapitel 3 > unter Thema Mobbing).

VON KONFLIKTEN UND LÖSUNGSSTRATEGIEN

Aggression und ihre biologischen Funktionen

Aggression ist ein Mehrzweckverhalten, das in sehr vielen unterschiedlichen Zusammenhängen eingesetzt wird. Sowohl Untersuchungen an verschiedenen Labortierarten als auch Konkretbefunde an Hunden zeigen deutlich, dass es keinen gemeinsamen Nenner gibt. Die Vorhersagewahrscheinlichkeit, dass ein Hund in Situation X aggressiv reagiert, ist in keiner Weise von seinem Verhalten in Situation Y oder auch von seinem Verhalten in Situation Z vorherzusagen. Daher kann es auch bei groß angelegten Persönlichkeitsuntersuchungen, sei es über Persönlichkeitsfragebögen, Verhaltenstests oder andere Methoden, keine Vorhersagemöglichkeit eines »aggressiven Hundes« per se geben. Jeder einzelne Funktionsbereich aggressiven Verhaltens ist mit eigenen hormonellen und neurobiologischen Steuerungen, eigenen auslösenden Situationen und damit auch eigenen, vom Hund dann gezeigten Verhaltensweisen und nachfolgenden Lernprozessen charakterisiert. Es gibt also nicht **die** Aggression, es gibt nur verschiedene Funktionsbereiche, in denen unter anderem auch aggressives Verhalten als eine von mehreren möglichen Problemlösungen gezeigt werden kann.

Weil der auf großer Datenbasis durchgeführte schwedische Verhaltenstest hier besonders interessante Befunde zeigt, sei auf ihn noch etwas genauer eingegangen. Eine Vielzahl von Verbänden, seien es Züchter, Sportverbände oder auch Ausbilder verschiedenster Arbeitshunde, haben sich in Schweden auf einen gemeinsamen Verhaltenstest geeinigt. Das führt dazu, dass Tausende von Hunden in relativ kurzer Zeit unter weitestgehend identischen Bedingungen geprüft werden. Die Auswertungen dieser Testergebnisse zeigen, dass im Gegensatz zu allen anderen Verhaltensbereichen das Thema Aggression nicht unter einem gemeinsamen Oberbegriff oder mit einer gemeinsamen statistischen Vorhersage versehen werden kann.
In einer weiteren Studie ergab sich noch Folgendes: Man hatte einer Reihe von Hundehaltern ein Jahr oder noch länger nach dem Ablegen des Tests nochmals hinterhertelefoniert und sie dann über das Verhalten ihrer Hunde im Alltag befragt. Auch hier ergaben sich sehr hohe Übereinstimmungen. Zum Beispiel in Bezug auf Spielbereitschaft, Furcht, Freundlichkeit zum Menschen und Stressanfälligkeit spiegelten sich in der Regel Erfahrungen des Hundehalters wider, die fast identisch mit den erlebten Vorgängen im Verhaltenstest waren. Lediglich im Bereich der Aggressionsbereitschaft galt dies nicht.

Hunde, die sich im Test lammfromm gezeigt hatten, konnten im Alltag absolute Granaten sein und umgekehrt, mussten es aber nicht. Jede Kombination aus »friedlich« und »aggressionsbereit« war möglich. Auch das deutet darauf hin, dass es eben keinen gemeinsamen Persönlichkeitsfaktor gibt, der einen aggressiven oder aggressionsbereiten Hund auszeichnet.

Die heutige Verhaltensbiologie stützt sich im Wesentlichen auf die Untersuchungen von Archer (1988) und unterscheidet zwischen drei großen Kategorien von Aggression:

Selbstschutzaggression

Selbstschutzaggression erfolgt unerwartet und ohne »Vorgeplänkel«. Wer kennt nicht das Bild der in die Enge getriebenen Ratte? Kennzeichnend für diese Aggressionsform ist, dass sie mit maximaler Durchschlagskraft eingesetzt wird und der Aggressor beim Vorbringen seiner Attacken keine Ermüdungserscheinungen zeigt. Das Agieren des jeweiligen Tieres wird wesentlich dadurch beeinflusst, welche Vorgeschichte und Vorerfahrungen es in sich trägt. Das Stresshormonsystem steuert die Aktionen und Reaktionen in realen Gefahrensituationen und in als ausweglos empfundenen Lebenslagen. Wichtig hierbei ist auch die Tatsache, dass das Tier durchaus am Erfolg (oder Misserfolg) seiner jeweiligen Handlung lernt und die Modifizierung seiner Verhaltensweisen daran orientiert. Ebenfalls interessant und bemerkenswert, dass es kaum eine Reduzierung von Selbstschutzaggression durch Gewöhnung gibt. So wird der Angstbeißer auch bei Gewöhnung an bestimmte Situationen mit der gleichen abwehrenden Durchschlagskraft reagieren, wenn es ihm zu viel wird, der Druck und die Anspannung Überhand gewinnen. Ritualisierte Verhaltensweisen wie Drohen oder Imponieren scheiden nachvollziehbarerweise bei Selbstschutzaggression aus.

Situativ gibt es auch Formen von Selbstschutzaggression, die in nicht so extremer Ausprägung verlaufen. Wir alle kennen z. B. Hündinnen, die sich gegen allzu »charmante« Rüden mit einem Wegschnappen wehren und sogenannten »Zickenalarm« schlagen.

Die Ausprägung der Selbstverteidigungsaggression hängt unter anderem auch wesentlich von den Grundpersönlichkeiten der agierenden Hunde oder anderen Lebewesen ab. Man unterscheidet generell die beiden Grundpersönlichkeitstypen, auch als Supereigenschaften bezeichnet, nämlich den wagemutigen, vorwitzigen, proaktiven A-Typ und den eher bedächtigen, Bedenken tragenden, beobachtend zurückhaltenden B-Typ. Während beim A-Typ auch die Selbstverteidigungsaggression in Form eines Präventivschlags immer nach vorne losgeht (oder er eben die Flucht ergreift), tendiert der B-Typ auch in potentiell bedrohlichen Situationen dahingehend, zunächst abzuwarten und zu beobachten und erst in letzter Minute einen Befreiungsschlag zu starten.
In diesem Zusammenhang lernen dann auch beide Beteiligten etwas Unterschiedliches an einer, möglicherweise erfolgreich durchgeführten Selbstschutzaggression. Der A-Typ lernt: »Wer wagt, gewinnt.« Er wird bei nächster Gelegenheit umso schneller und umso bereitwilliger dasselbe Verhalten wieder als Problemlösung aktivieren. Der B-Typ lernt: »Ist ja gerade noch mal gut gegangen!« Er wird möglicherweise bei nächster Gelegenheit zwar heftiger, aber möglicherweise nicht schneller nach vorne gehen.

Zur Selbstverteidigungsaggression tendieren besonders emotional instabile Hunde, und dies ist beispielsweise eines der Probleme im Zusammenhang mit den häufig falsch empfohlenen und durchgeführten Kastrationen (siehe auch Seite 109 > Kapitel Kastration). Neuere Untersuchungen sowohl in unserer als auch in anderen Arbeitsgruppen zeigen deutlich, dass die Aggressionstendenzen beiderlei Geschlechts durch die Kastration keineswegs positiv, oft sogar negativ beeinflusst werden. Im Zusammenhang mit den ebenfalls dabei festgestellten gesundheitlichen Problemen, lässt sich ziemlich sicher sagen, dass es sich dabei eben um eine gesteigerte Stress- und Erregungswirkung allgemein handelt. Dass Sexualhormone die Stresshormone deckeln können ist nämlich gerade vom passiven Stresshormonsystem, dem Cortisol, welches gerade bei den B-Typen besonders aktiv ist, ausführlich beschrieben worden.
Zur Selbstverteidigungsaggression gehört auch die Aggressionsform, die zur Abwehr oder zur

Der jeweilige Persönlichkeitstyp bestimmt wesentlich Verhaltensweisen und -reaktionen mit.

Vorbeugung bei potentiell schmerzauslösenden Situationen gezeigt wird. Im Akutschmerz, also beispielsweise einer gerade frisch erfolgten Verletzung, ist überwiegend das Adrenalinsystem aktiviert, dieser Hund wird also eher auch zur Präventivschlagaggression neigen. Im chronischen Schmerz, der nach einigen Tagen einsetzt, beispielsweise bei Entzündungsprozessen usw., ist dagegen eher das Cortisolsystem aktiv. Dieser Hund wird also nicht nur depressiv und extrem inaktiv sein, sondern eher zum Befreiungsschlag neigen.

Wichtig: Ergeben sich nach gründlicher Analyse einer Aggressionsauffälligkeit keine der häufigen Ursachen, so muss unbedingt auch an eine schmerzassoziierte Reaktion gedacht werden. Um physische Problematiken, die Auslöser für Aggressionsverhalten sein können, auszuschließen, ist ein Gesundheits-Check beim Tierarzt sinnvoll! Hierzu sollte auch ein großes Blutbild gehören, denn nicht selten spielt die Schilddrüse beim Auftreten von Verhaltensauffälligkeiten ebenfalls eine Rolle!

Auch hier zeigen Fallbeispiele aus unserer Beratungspraxis, wie nachhaltig Schmerzerfahrungen auch das spätere Verhalten eines Hundes beeinflussen können. Das als Schmerzgedächtnis bezeichnete Phänomen, wonach eine Schmerzwahrnehmung im Gehirn auch dann noch entstehen kann, wenn die medizinische Ursache bereits längst als auskuriert gilt, kennen wir Menschen ja auch. Ein Musterbeispiel dafür war eine frühere Mitarbeiterin von uns, die durch einen heftigen Sturm ihre Autotür ins Gesicht geschlagen bekam. Obwohl sie am nächsten Tag sofort den beschädigten Zahn reparieren ließ, hatte sie seitdem Zahnschmerzen gehabt, wenn sie bei Wind von der Fahrerseite an ihr eigenes Auto herantrat.

Bei Hunden haben wir hier Verschiedenes erlebt, was diese Problematik verdeutlicht. Ein Beispiel war ein Hund, der aus dem Tierschutz zu einer Pflegestelle kam. Ihm war durch Vernachlässigung und schlechte Pflege einst das Halsband eingewachsen. Obwohl dieses bereits vor mehreren Jahren chirurgisch entfernt worden war, neigte der Hund zu einer plötzlichen, unangemeldeten Vorwärtsaggression: Er versuchte, seinen Haltern ins Gesicht zu springen und zu beißen, sobald diese sich beim Anleinen mit dem Karabiner seinem Halsband näherten. Obwohl er sich vorher freute, dass es zum Spazierengehen hinausgehen sollte, war diese durch einen bedingten, also erlernten, Reflex ausgelöste Abwehrreaktion kaum zu dämpfen. Kaum war der Karabiner am Halsband, war der Hund wieder begeistert und konnte nicht schnell genug raus.

FALL BEISPIEL

Funny

Funny war Zeit ihres Lebens ein fröhlicher, aktiver, sehr menschenbezogener Mischlingshund mittlerer Größe, der mit seinen Menschen begeistert alles mitmachte, was Spaß machte. Sie liebte Wandern mit ihren Menschen, Spielen mit Artgenossen, Trailen, tobte sich begeistert im Hundesport aus, zeigte sich arbeitswillig beim Rally-Obedience, apportierte wie ein Weltmeister und war der Star bei jeder Veranstaltung, auf welcher sie Kunststücke aus ihrem schier unerschöpflichen Repertoire vorführen durfte. Applaus war für sie wie Leckerchen und strahlende Gesichter brachten auch den Hund zum Lachen.
Als durch und durch freundlicher und belastbarer Hund fungierte sie auch als Besuchshund im Altersheim, erfreute Behinderte in Behindertenwerkstätten, brachte Kinder im Kindergarten und in der Grundschule zum Staunen. Selbst ängstliche Kinder fanden mit der Zeit Zutrauen und Gefallen am vierbeinigen Assistenten. Bekannt wie ein bunter Hund und beliebt wie Schulferien, freuten sich alle Kinder schon, wenn sie Funny nur von Weitem sahen. Sie trug Körbchen mit Schokolade zu den Kindern oder brachte auf Anweisung Kreide und Schwamm zur Lehrerin an die Tafel. Der Star schlechthin.
Dann gab es einen folgenschweren Zwischenfall, der alles veränderte. Ein Autofahrer verlor die Kontrolle über sein Fahrzeug und fuhr auf den Bürgersteig. Funny geriet unter das Auto und konnte anschließend nicht mehr aufstehen.

Drei bis fünf Wochen alte Welpen sind sehr schmerzempfindlich, da ihre Nerven erst dünn isoliert und deshalb leicht erregbar sind. Dieser kleine Kerl ist da schon robuster.

Ein Glück: sie lebte! Aber der Körper war übersät mit Prellungen – und beide Vorderläufe waren gebrochen. Funny wurde schleunigst tiermedizinisch versorgt und erholte sich auch recht schnell. Etwas schreckhaft war sie zukünftig bei Autos, die seitlich an ihr vorbeifuhren, aber ansonsten schien das Geschehen keine Spuren hinterlassen zu haben. Nach einer längeren Erholungsphase durfte Funny wieder mit zu ihren Besuchen, was sie offensichtlich sehr freute. Begeistert lief sie zu den Kindern, spulte ihre Tricks ab und ließ sich von allen krabbeln und kraulen.

Doch dann gab es den Augenblick, der zeigte, dass doch nicht alles wieder wie früher war: Das Abschiedszeremoniell war immer, dass Funny sich setzte und den Kindern die Pfote gab. Als ein Kind die vorgestreckte Pfote drückte, knurrte Funny kurz und schnappte nach vorn. Das Kind erschrak, doch sonst passierte zum Glück nichts. Klar war aber, dass zukünftig anders auf Funny geachtet werden müsste als früher und dass Berührungen, gerade im Vorderpfotenbereich, nach dem Erlebten nicht mehr so problemlos möglich sein würden wie bislang gewohnt.

Besonders problematisch ist das Wirken des Schmerzgedächtnisses und die daraus entstehende mögliche Abwehraggression bei erst wenigen Wochen alten Jungwelpen. Durch die späteren Perfektionierungen im Bereich des Nervensystems haben diese nämlich noch eine ganz andere Schmerzwahrnehmung auf der Körperoberfläche. Auch hierzu ein Fallbeispiel: Ein Hund hatte als Welpe im Alter von 3–5 Wochen eine großflächige Hautentzündung. Obwohl diese bereits im Alter von 5–6 Wochen erfolgreich medizinisch auskuriert war, tendierte der Hund noch Jahre später zu schmerzassoziierter plötzlicher Abwehraggression bei jeglicher Berührung des vorderen Rumpfbereichs. Auch hier wurde offensichtlich die heftige und immer wiederholte Schmerzempfindung während der Erkrankung durch die bahnenden Effekte eines Langzeitlernprogramms so intensiv verankert, dass auch ohne die Reizung der Schmerzrezeptoren auf der Hautoberfläche im Gehirn die Schmerzwahrnehmung immer noch stattfand.

Und noch ein letztes Risiko muss hier genannt werden: Gerade bei den vorwärts agierenden, proaktiven Präventivschlagtypen kann durch enge chemische und auch neurobiologische Verbindungen zwischen dem sogenannten Kampfhormon Noradrenalin und seiner chemischen Vorstufe, der Selbstbelohnungssubstanz Dopamin, auch der sogenannte Lustbeißer oder Lustraufer entstehen. Solche Hunde empfinden mit der Zeit dann wirklich Spaß daran, andere auf die Mütze zu hauen – und zwar ohne Stress und negative Emotionen zu empfinden. Im Gegenteil, sie freuen sich sogar darüber und darauf.

Genau diese mit positiv emotionaler Lust verknüpfte Aggression ist übrigens auch in Verhaltenstests nicht ohne Weiteres nachweisbar. Hier zeigen die Erfahrungen der holländischen Verhaltensbiologen, dass der ansonsten bei ihnen sehr erfolgreich angewendete Aggressionstest für Hunde dann versagt, wenn Aggression ohne negative Emotionalität auftritt. Gerade diese sogenannten Lustbeißer sind eben oft von sehr unterschiedlichen auslösenden Reizen gesteuert, die man aber im Alltag meistens erst dann erkennt, wenn es zu spät ist bzw. der Hund zum ersten Mal darauf reagiert hat.

Vorsicht: Manchmal wird Selbstverteidigung mit sozialer Aggression verwechselt oder gleichgesetzt, was falsch ist!

Jungtierverteidigung

Auch die Jungtierverteidigung beruht auf einem hormonellen Hintergrund. So darf man sich eben nicht wundern, wenn die noch so liebste und freundlichste Hündin in Zeiten einer Mutterschaft auch »ganz schön biestig« reagieren kann.
Sie ist Mama – und da darf und muss man das!
Drei bis vier Wochen nach einer Belegung werden Gelbkörperhormone (Progesteron) verstärkt ausgeschüttet, die zur Brutverteidigung führen. Charakteristisch für die Fortpflanzungsbiologie der gesamten Familie der Hundeartigen ist ja nun, dass auch eine nicht erfolgreich gedeckte oder

Mütter geraten manchmal in Konflikte, wenn sie ihre Kinder beschützen wollen, gleichzeitig aber selber nicht so recht wissen, was sie in der Situation nun gerade tun sollen und können.

eine gar nicht zur Kopulation gekommene Hündin im selben zeitlichen Rahmen zunächst eine Scheinschwangerschaft, also eine Progesteronerhöhung, und dann anschließend eine Scheinmutterschaft, also eine Prolaktinerhöhung, bekommt. In diesem Zeitraum sind dann auch leer gebliebene oder nicht gedeckte Hündinnen extrem jungtierverteidigungsbereit. Da durch Stimmungsübertragungen, geruchliche oder auch andere Reize durch die Anwesenheit von fremden Jungtieren in der Gruppe, seien es betreute Tierbabys oder Babys der Menschen oder auch ein neu hinzugekaufter Welpe, diese Systeme ebenfalls aktiviert werden können, kann sowohl bei Rüden als auch bei Hündinnen – auch nach der Kastration! – die durch Außenfaktoren ausgelöste Jungtierbetreuung und Jungtierverteidigung in ebenso starkem Maße stattfinden. Aufgrund bestimmter Wechselwirkungen bestimmter männlicher Sexualhormone und dem Prolaktin sind Kastraten (übrigens nicht nur beim Hund, auch von Pferdewallachen wird Ähnliches beschrieben) oftmals sogar die besseren Ersatzväter als die sexuell intakten männlichen Tiere. Und Weicheier sind eben bessere Väter als Machos.

Ein besonders deutliches Beispiel wurde uns vor einigen Jahren auf einem Seminar geschildert: Eine Seminarteilnehmerin, offenkundig schwanger, berichtete darüber, dass ihr Rüde (kastriert, souverän, stabil mit ihr verbunden) seit einigen Wochen so merkwürdig reagiert und sie »eifersüchtig« abgrenzen würde. Die Rückfrage ergab den nahezu fast immer geschilderten Zeitpunkt, nämlich ca. in der Mitte des zweiten Schwangerschaftsmonats als Beginn dieser Veränderungen. Die Halterin konnte dann aufgeklärt werden, dass es sich dabei nicht um ein Eifersuchtsverhalten handelt, welches eventuell auch dem Baby gefährlich werden könnte, sondern um eine gesteigerte Aufmerksamkeit und Verteidigungsbereitschaft des Rüden gegenüber ihr und dem zukünftigen Nachwuchs der Chefin. Prompt berichtete sie einige Monate später, dass der Hund nach der Geburt das Baby ausdrücklich lieben würde, jedoch in einer für die Jungtierverteidigung typischen Situation die Hebamme gebissen hätte: Während die junge Mutter mit ihrem Kind im Bett lag, lag der Hund auf der Decke in der Ecke und die Hebamme saß zunächst unproblematisch auf dem Stuhl und unterhielt sich mit der Mutter. Sobald sie aber aufstand, um an das Baby zu kommen, griff der Hund unvermittelt von hinten an, zwickte sie aber nur leicht ins Hinterteil.

Hier zeigen sich nahezu alle Eigenschaften dieser Jungtierverteidigungsaggression in einem Fall zusammengefasst: Ein kastrierter Rüde, der eben mit seinem geringen Testosterongehalt wesentlich mehr Prolaktin produzieren kann, eine stabile und gesicherte Bindung des Rüden an seine Halterin, und damit die besondere Bedeutung und Wertschätzung für deren Jungtier, und die nur leichte und als Belästigungs- und Ablenkangriff ausgeführte Verteidigung des Jungtiers, um der Mutter und dem Kind die mögliche Flucht in eine andere Richtung zu ermöglichen. Wäre das Ganze in freier Natur passiert, wäre der Rüde wahrscheinlich noch hinkend von der Hebamme weggelaufen, um sie zur Verfolgung zu animieren, wie wir das beispielsweise beim sogenannten Verleiten von Vögeln kennen, die sich in solchen Situationen oft scheinbar flügellahm stellen.

Bei der Jungtierverteidigung spielt auch das Alter mit eine Rolle, und zwar sowohl das des verteidigenden Tieres, als auch das des Nachwuchses.

Je älter ein Tier ist, desto weniger hat es zu verlieren, woraus eine erhöhte Risikobereitschaft resultiert. Ältere Jungtiere werden stärker beschützt als jüngere und größere Würfe mehr als kleine. Interessant beim Thema Jungtierverteidigung ist auch, dass den Jungtieren `Feinde´ regelrecht vorgestellt werden, damit diese sie später allein erkennen. Zu diesem Lerneffekt kommt zusätzlich eine Vermittlung von alternativen Verhaltensmustern: Strukturen für Auswege aus Konfliktsituationen werden gesucht und aufgezeigt. Gerade die bei solchen Jungtierverteidigungsaktionen oft von der gesamten Gruppe mit sehr lautstarkem Geschrei ausgeführten Scheinattacken haben dadurch mehrfache Wirkung: Zum einen soll sie dem Feind »auf die Nerven fallen« und ihn dazu überreden, sich seine Beute doch woanders zu holen. Zum anderen aber dient das laute Geschrei in der Sprache der Lerntheorie ausgedrückt als »Markierung«, es wird also besonders auf diesen lernenswerten Fakt des Feindes hingewiesen. Dies ist dann auch die ökologische Bedeutung des Begriffes »Mobbing«, bei Jägern und Vogelkundlern als »Hassen« bezeichnet.

Man sollte sich übrigens hüten, einen Streit mit einer anderen Person lautstark auszutragen, wenn man einen Welpen oder Junghund an der Leine hat. Viele Berichte zeigen, dass der Hund dann irgendein Merkmal der Person, zum Beispiel ein Kleidungsstück, als Hinweis nutzen und daraus ein Feindbild entwickeln kann. So berichtete uns die Teilnehmerin eines Seminars, dass sie mit einem Junghund an der Leine mit einer Frau im Overall in heftigsten Streit geraten wäre und dass der Hund seitdem immer bei Personen, die solch einen Overall tragen, in eine Verteidigungsbereitschaft und eine Defensivaggression geraten würde.

Was hat »Otto-Normal-Hundehalter« mit Jungtierverteidigung zu tun?

Der hormonelle Hintergrund, der bei der Jungtierverteidigung eine tragende Rolle spielt, wurde bei der Übersicht der verschiedenen Aggressionsformen bereits geschildert. Und diese hormonellen Vorgänge wirken sich nicht nur bei effektivem vierbeinigem Nachwuchs aus, sondern beeinflussen das Verhalten des Hundes:

1. Bei nicht kastrierten Hündinnen im Läufigkeitszyklus und danach in der Zeit der Scheinträchtigkeit und Scheinmutterschaft.
2. Bei Hunden, die mit einer trächtigen (auch scheinträchtigen!) Hündin im selben Haushalt leben.
3. Bei Hunden, die in einem Haushalt mit Baby oder anderen Jungtieren leben.

Das hundliche Verhalten in diesen Situationen (Schwangerschaft der Besitzerin, Vergrößerung der eigenen sozialen Gruppe durch ein Baby) ist also völlig normal und nicht Zeichen einer beginnenden Verhaltensauffälligkeit. Das heißt jedoch nicht, dass der Hundehalter dem Hund überlässt, entsprechende Situationen selbständig und nach eigenem Gutdünken zu regeln. Dem Vierbeiner muss deutlich vermittelt werden, dass der Mensch

Kommt ein Kind in die Familie, verändert der Familienhund unter Umständen sein Verhalten.

die Lage selber im Griff hat, dem Nachwuchs nichts geschieht. Deshalb sollten gezielt Rituale mit dem vierbeinigen »Kinder-Guard« eingeübt werden, damit auch Oma und Opa das Baby auf den Arm nehmen können oder die verzückte Verwandtschaft sich über den Kinderwagen beugen darf, ohne Gefahr zu laufen, vom Familienhund in den Arm oder Allerwertesten gezwickt zu werden.

Im häuslichen Bereich übt man schon lange bevor das Baby auf der Welt ist, dass der Hund akzeptiert, einen festen Platz zuverlässig einzunehmen. Zu Anfang wird das mit Anleinen und Anbinden abgesichert (was nicht bedeutet, dass der Hund den halben Tag angebunden irgendwo im Haus verbringen soll! Alternativ nutzt man eine Hundebox, siehe Seite 99! Bitte nicht falsch interpretieren!). Wichtig ist es, dass sich dem Hund gewidmet wird, wenn er die Aufgabe erfüllt hat.

Auch beim Spaziergang mit Hund und Kinderwagen muss die mögliche Verteidigungsbereitschaft des Hundes bedacht werden. Im Freilauf reagiert er womöglich anders als sonst, versucht Zwei- und Vierbeiner dem rollenden Baby-Heim fernzuhalten. In direkter Nähe des Kinderwagens fühlt er sich unter Umständen erst Recht in der Verpflichtung, regelnd eingreifen zu müssen, wenn sich jemand nähert!

Vorsicht: Neigte der Vierbeiner schon vorher dazu, seine Menschen abzugrenzen, so ist es nun umso schwerer, ein neutrales Verhalten zu erreichen! Die Gefahr, dass der Hund jetzt noch aggressiver reagiert, ist sehr groß. Wenn ein Baby ins Haus steht, also schon lange vorher entsprechend agieren und üben.

FALL BEISPIEL Caspar

Manche Hundeschulen bieten Mutter-Kind-Hund-Kurse an, die sich nicht an Mütter bzw. Väter oder Eltern mit älteren Kindern richten, sondern an die frischgebackenen mit Säuglingen und Kleinkindern. Häufig geht es dann vorrangig um Handlingfragen von Hund und Kinderwagen. Wo wie führen, welche Kommandos, kürzere oder längere Leine, Halsband oder Brustgeschirr? Eventuell werden auch noch einige Dinge zum Alltagsgeschehen mit besprochen wie: »Darf der Hund beim Stillen anwesend sein?«, »Darf der Hund am Baby lecken oder ist das unhygienisch?«, »Soll der Hund an Windeln riechen, damit er dadurch das Kind besser kennenlernt?« usw. Viel zu wenig werden aber gruppendynamische Vorgänge und Inhalte aus dem kaniden-typischen Gruppenverhalten mit angesprochen. Und so kommt es zu Geschehnissen, die leicht hätten vermieden werden können:

Sandy und Schorsch sind glücklich! Vor zwei Monaten wurde ihre Tochter gesund und kräftig geboren. Die kleine Lena entwickelt sich prächtig, ein wahrer Wonneproppen. Stolz gehen sie mit Lena im Kinderwagen spazieren. Immer mit dabei der Labradorrüde Caspar. Caspar ist typisch »Labbi-like« sehr menschenfreundlich, immer zu Kontaktaufnahmen bereit und ständig gut gelaunt. Zumindest war er das immer. Nun aber verhält er sich draußen irgendwie anders. Kommen Leute unterwegs dem Kinderwagen zu nahe, drängt er sich ständig dazwischen. Sandy und Schorsch werten es als »Eifersucht« ihres Rüdens, da sich zurzeit ja alles um das Baby dreht. Sie weisen Caspar zurecht und schicken ihn weg. Er scheint verwirrt und verunsichert. Merkwürdig, so kennt man den Hund noch gar nicht.

Und dann kam der Tag, an dem man Frau Henzel, die neue, offenbar recht nette Nachbarin, traf. Sie hatte ein kleines Präsent vor die Tür gelegt, als Lena geboren wurde. Aufgrund der Schwangerschaft waren Sandy und Schorsch nicht zur Einstandsfeier gegangen. So wollten sie sich nun endlich bei dieser Gelegenheit persönlich bedanken und lenkten den Kinderwagen in ihre Richtung. Frau Henzel freute sich, die jungen Leute mit Kind und Hund zu sehen. Sie kam ihnen entgegen und wollte auch gern in den Wagen nach Lena schauen. Da stellte sich Caspar blitzschnell vor sie und knurrte leise, aber unüberhörbar. Das hatte es ja noch nie gegeben!

Große Verwirrung und Verunsicherung im Hause der kleinen Familie! Wird Caspar zur Gefahr für das Kind? Muss er womöglich abgegeben werden? Mit ziemlicher Wahrscheinlichkeit wird das nicht der Fall sein. Caspar schützt das Kind nach Jungtierverteidigungsmanier. Wenn Sandy und Schorsch hier ein wachsames Auge haben und dem Rüden deutlich machen, dass sie selbst für die Sicherheit sorgen und er sich hier keine Aufgabe an die Pfote binden muss, dürfte er bald wieder »der Alte« sein. Aber auch ein Beschützer für Lena, wenn es denn nötig wäre.

Feinste Nuancen in der Mimik sorgen dafür, Missverständnisse zu vermeiden und Konflikte zu lösen.

Wettbewerbsaggression

Zu diesem Komplex zählt alles, was vom Individuum als attraktiv angesehen und entsprechend verteidigt werden kann. Wettbewerbsaggression hat eine längere Eskalationsphase, beinhaltet ritualisierte Verhaltensweisen und unterliegt einer Entwicklung. Sie ist keine **plötzlich** auftretende Angelegenheit, was besonders wichtig zu verstehen ist, wenn es um Wettbewerbsaggressionen zwischen Hund und Mensch geht. Eine wichtige Rolle spielen auch die Gruppendynamik und die zu verteidigende(n) Situation(en). Hierbei geht es um umstrittene, knappe Güter ebenso wie um soziale Kontakte, momentane Gestimmtheiten in Bezug auf Anspruch und Verzicht und einiges mehr.

Bezüglich der Besitzverteidigung ist ein Untersuchungsergebnis aus der Verhaltensbiologie besonders zu beachten: Die Besitzrespektierung, die in der Natur offenbar existiert und beim Wolf z. B. die Region ca. 50 cm um die Schnauze herum betrifft. Außerhalb dieses Radius´ befindliche

Güter sind eher umstritten, innerhalb des Radius´ gilt verstärkt: »Das ist meins« bzw. »Ich akzeptiere, das ist deins«. Untersuchungen an Affen haben gezeigt, dass dieses Akzeptieren aber beschränkt ist auf Dinge, die mitgenommen werden können, tragbar und transportierbar sind. Interessant hierbei, dass Besitz innerhalb der gleichen Familie aber **weniger** respektiert wird! Und manchmal sehen wir genau dieses bei Hunden, die sich z. B. mit einem Stock oder Ball beschäftigen. Solange der Gegenstand der Begierde auf dem Boden liegt, findet ein Wettlauf statt, wer ihn zuerst erwischt. Hat einer »gewonnen«, zieht sich der andere Mitbewerber zurück. Anders verläuft die Situation natürlich bei ausgesprochen beutemotivierten Kontrahenten, die das eigene »Ich will das haben um jeden Preis« über die Besitzrespektierung stellen und ihr Ziel mit aggressivem Verhalten verfolgen. Aus diesem Grund muss auch dringend davon abgeraten werden, die immer noch von Laien und solchen, die nicht zugeben, es zu sein, als Dominanzübung propagierte Form des Futterwegnehmens beim Hund zu praktizieren. Es ist unbestreitbar, dass es im Zeitalter von durchgeknallten Hundehassern, Giftköderstreuern und ähnlichen unangenehmen Zeitgenossen wichtig ist, den Hund gegebenenfalls zum Hergeben eines gefundenen Futters zu überreden. Dies muss aber als kooperative Übung im Zusammenhang mit der Beziehungspflege mit Hilfe eines kompetenten Trainers einstudiert werden und darf nicht als Dominanzübung nach dem Motto: »Du musst Deinem Hund jederzeit das Futter wegnehmen können, um Deine Dominanz über ihn zu bezeugen« ausgeübt und mit Druck durchgeführt werden. Gerade in solchen Situationen passieren nämlich sonst sehr oft Beißunfälle im häuslichen Umfeld.

Ebenso wichtig ist es darauf hinzuweisen, dass es geradezu rasender Unfug und Aufforderung zur gefährlichen Körperverletzung ist, wenn man einem Hundehalter beibringen möchte, der Hund müsse auch das Kleinkind der Familie bereits als ranghöheres Gruppenmitglied erkennen und sich von diesem beispielsweise ohne Abwehrreaktion im Futter herumpanschen lassen. Fressende Hunde müssen ihre Ruhe haben und das muss eben auch und gerade von kleineren Kindern akzeptiert werden. Die Verantwortung liegt bei den Eltern.

Die Territorialverteidigung, bei der sozusagen ein wertvolles Stück Land als Ressource dient, muss streng genommen beim Hund auch nochmals in zwei unterschiedliche Motivationsformen unterteilt werden:
Während die offensive Territorialverteidigung getreu dem Motto »Hier stehe ich, ich kann auch anders« von einem Hund gezeigt wird, der in aufgerichteter, souveräner Körperhaltung mit tiefen, wohlklingend kehligen Wuff-Lauten den Eindringling stellt und nicht weitergehen lässt, ist die defensive Territorialverteidigung durch deutlich erkennbares ambivalentes, konfliktgeladenes Verhalten begleitet. Diese Hunde stehen meistens schräg, sind oftmals auch in den Hinterbeinen leicht eingeknickt, eventuell sind die Hinterbeine schon zum leichten Fluchtsprung nach außen gestellt. Das Kläffen klingt heiser, hysterisch, unschön und hat sehr viel mehr hohe, quietschende Tonanteile.

Hunde sind territorial veranlagt und daher auch – mehr oder weniger ausgeprägt – bereit, ihr Territorium zu verteidigen.

Die beiden Formen der Territorialverteidigung werden auch hormonell unterschiedlich gesteuert. Bei der defensiven Territorialverteidigung ist wiederum das Stresssystem des Cortisols beteiligt, solche Hunde zeigen oft auch in anderen Situationen eher ängstliche, vorsichtige Reaktionen. Die offensive Territorialverteidigung dagegen wird durch eine Mischung aus Dopamin und Testosteron gesteuert, wobei das Testosteron hier allerdings als Botenstoff im Gehirn selbst produziert und nicht als Hormon aus den Sexualorganen herangeschafft wird.

Vergleichbare Zusammenhänge zwischen den Stresshormonen und den Verhaltensreaktionen in aggressiver Bedrohung hat eine Studie an

Polizeihunden aus Budapest gezeigt. Atila Horvath und Coautoren (2007) setzten angebundene Polizeidiensthunde der klassischen Bedrohungssituation durch eine merkwürdige menschliche Gestalt (Schlapphut, Poncho oder Ähnliches) für einen kurzen Zeitraum aus. Sie verglichen dann die Verhaltensreaktion mit den hormonellen Gegebenheiten. Genau wie von den hormonellen Zusammenhängen zwischen Adrenalin und Cortisolsystem erwartet, gab es drei Reaktionsgruppen:

- Eine Gruppe, die sofort kompromisslos nach vorne bis zum Ende der Leine ging, hatte keinerlei messbaren Cortisolanstieg.
- Eine Gruppe, die sofort kompromisslos bis ans hintere Ende der Leine flüchtete, hatte einen schwachen Cortisolanstieg.
- Die dritte Gruppe, die am Ort blieb, ambivalent signalisierte, viel Übersprungsverhalten zeigte und auch sonst den inneren Konflikt deutlich andeutete, hatte einen sehr starken Cortisolanstieg.

Diese Zusammenhänge decken sich mit den stressphysiologischen Befunden:
Adrenalin erhöht gleichzeitig den Cortisolspiegel, Adrenalin wird nicht zuletzt als das Fluchthormon bezeichnet. Noradrenalin, auch als Kampfhormon bezeichnet, ist der Botenstoff der aktiven, aggressiven Problemlösung. Und da sich ja die hinkende Schlapphutträgergestalt dann auch vereinbarungsgemäß ohnehin wieder entfernte bzw. sogar zum freundlichen Menschen outete, war für den Hund ja das Problem offensichtlich durch seine Attacke folgerichtig gelöst. Warum also über Cortisol einen Kontrollverlustanstieg signalisieren?

Sind an der Revierverteidigung (Streitwert Territorium) noch alle zur sozialen Gruppe gehörigen Einzelwesen beteiligt, so geht es bei der Statusverteidigung (Streitwert Rangposition) um einen individuellen Anspruch. Zusammengehörende Abhängigkeiten zwischen Revierverteidigung und Status bestehen z. B. derart, dass Individuen, die innerhalb der sozialen Gruppe einen niedrigen Status besitzen, in harmloseren Verteidigungssituationen in die vordere Front zu treten haben. Sie dienen quasi als »Kanonenfutter«. Zeichnen sich aber ernstzunehmende Gefahren ab, schalten sich die Leittiere mit ein – und zwar vorne. Dieser Umstand ist deshalb wichtig und interessant, da er erklärt, warum Hunde gern in potentiellen Gefahrensituationen – oder als solche empfundenen – vorpreschen und agieren können, was erst einmal eben nicht eine Verhaltensauffälligkeit oder Demonstration falscher Erziehung darstellt. Wesentlich ist die Reaktion des Menschen, der nun gefordert ist zu beweisen, dass er die Situation »im Griff« hat, die Kontrolle selber ausüben kann und wird und sein Vierbeiner sich getrost zurücknehmen kann.

Roberto Bonani hat an seinen Studien an italienischen Straßenhunden deutlich gezeigt, wie die Zusammenhänge zwischen Gruppenverteidigung und Rangordnungsposition einzuschätzen sind: Bei Konfrontationen zwischen benachbarten Hundegruppen konnte er regelmäßig Situationen beobachten, bei denen, abhängig von der derzeitigen Zusammensetzung des Trupps, mal der eine, mal der andere Clan im Vorteil war. In den jeweils heute gerade kopfschwächeren Truppen zeigten sich alle Angehörigen gleichermaßen verteidigungsbereit und gingen durch Vorpreschen und Scheinangriffe in Richtung der Gegner ein vergleichbares Risiko ein. Die heute gerade kopfstärkere Truppe dagegen gliederte sich deutlich in mehrere Verteidigungsreihen, wobei dann, solange es nicht brenzlig war, die Rangtieferen in der ersten, die Ranghöheren und Jugendlichen in der zweiten Reihe standen. Wurde es aber brenzlig, und vergleichbare Beobachtungen gibt es beispielsweise auch bei den Grenzstreitigkeiten von benachbarten Wolfsrudeln aus dem Yellowstone-Nationalpark, dann finden sich die ranghöchsten Leittiere eben in der vordersten Linie und führen die Attacke von vorne. Dies ist nebenbei bemerkt auch einer der wesentlichsten Unterschiede zum Sozialsystem der Primaten, also unserer nächsten Verwandten im Tierreich, und unserer eigenen Art, bei der sich die Ranghohen meistens im Hintergrund halten und aus sicherer Deckung heraus die Rasseln schwingen, um die Rangtiefen vorne zum Angriff zu motivieren. Möglicherweise ist das übrigens auch einer der Gründe, weshalb bei Kaniden, im Gegensatz zu unserer Primatenverwandtschaft, die Ranghohen meistens den höheren Stresshormonpegel haben als die Rangtiefen.

Zur Statusaggression gehört auch die Sexualaggression (Streitwert Fortpflanzungspartner). Sexualhormone steigen bzw. fallen in Abhängigkeit zum Status, die Aggressionsbereitschaft analog. Wettbewerb und Kampfesmut gehören thematisch zusammen: Wer etwas haben möchte und sein Ziel aktiv verfolgt, der muss über Selbstbewusstsein und Risikobereitschaft verfügen. Ansonsten würde er sicherlich eher verzichten und den sprichwörtlichen »Schwanz einkneifen« – auch im wahrsten Sinne des (Sprich-)Wortes! Deshalb ist das Sexual- und Kampfhormon Testosteron wesentlich mitverantwortlich für aggressives Verhalten, bei männlichen wie auch bei weiblichen Lebewesen! Das ist ein Grund, warum die eine oder andere Hündin nach einer Kastration deutlich aggressiver reagiert, wenn es um Wettbewerbs- und Rangstreitigkeiten geht.

Bei Hundeartigen ist auch zwischen den beiden Geschlechtern die Verteidigung des Fortpflanzungsstatus unterschiedlich geregelt: Hündinnen agieren, insbesondere im Zeitraum rund um die Läufigkeit herum, statusaggressiv, das heißt, sie greifen ziemlich wahllos alles an, was entweder weiblich oder ein unerwünschter, rangtiefer Rüde ist. Rüden dagegen agieren auch in dieser Zeit mehr beziehungsbezogen, das heißt, sie verteidigen vorwiegend ihre eigene Lieblingshündin. Wenn an anderer Stelle eine andere Hündin von einem anderen Rüden umworben wird, stört sie das vergleichsweise wenig.

Unterschieden werden muss davon die echte Eifersucht. Echte Eifersucht, gesteuert durch ein Hormon des sozialen Cocktails, nämlich vorwiegend das Vasopressin (das wiederum das Noradrenalinsystem aktiviert), hat nichts mit der Verteidigung des Hundehalters oder eines anderen Artgenossen als Ressource zu tun. Hier handelt es sich um eine echte Emotion. Dies wurde beispielsweise in einer Untersuchung gezeigt, bei der Hundehalter entweder in Anwesenheit ihres eigenen Hundes

Status und Stresspegel korrelieren bei Hundeartigen.

einen fremden Hund streicheln, einen Plüschhund knuddeln oder ein Bilderbuch mit dem großen Hundefoto auf dem Einband lesen sollten. Die Hunde reagierten auf den echten Hund als Rivalen wesentlich heftiger und auf den Plüschhund und das Bilderbuch wesentlich weniger. Dies zeigt, dass es eben nicht einfach nur um aufmerksamkeitsforderndes Verhalten geht, sondern dass der echte Hund als potentielle Bedrohung des Verhältnisses zum eigenen Bindungspartner viel intensiver wahrgenommen wird, was dann auch zu heftigerem Abdrängen oder anderem Agieren seitens des eifersüchtigen eigenen Hundes führte.

Die häufig vorkommende Fehleinschätzung der Bedeutung von Nahrungsaufnahme- und Rangordnungsverhalten, insbesondere bei Welpen und Junghunden, bildet oft die Basis falsch geplanten Trainings (Futter nur für Gegenleistung, Futter nur aus Apportiertäschchen, Futter nur nach menschlicher Nahrungsaufnahme, bei welcher der Hund zugucken muss usw.). Untersuchungen an einer Vielzahl von Hunde-, Wolfs- und anderen Canidengruppen haben den Zusammenhang zwischen Rangordnung und Futterzuteilung massiv ins Schwanken gebracht bzw. deutlich gezeigt, dass dies nur in Zeiten von sehr starkem Nahrungs-

Wenn ein Rückruf nicht klappt, kann ein Freilauf nicht gewährt werden. Erst recht dann nicht, wenn der Hund eine Bereitschaft zum Attackieren aufweist

mangel Bedeutung hat. Selbst in diesem Falle aber sind die Untersuchungen, z. B. von David Mech, Günther Bloch u.a., zusammengefasst eindeutig: Auch in Zeiten starken Nahrungsmangels sorgen die Elterntiere dafür, dass die jüngsten Welpen in jedem Falle vor den anderen Rudelmitgliedern fressen dürfen. Es wird also immer dafür gesorgt, dass sie satt werden und versorgt sind. Gerade das kennzeichnet mit das Fürsorgeverhalten der Elterntiere, was den jungen Tieren eine existenzielle Sicherheit und ein Urvertrauen vermittelt. Dieser wesentliche Beziehungsaspekt wird bei einer ausschließlichen Ernährung via Futterbeutel und »Arbeitslohn« vereitelt, was den Hund und seine Menschen – aus unterschiedlichen Gründen – in tiefe Verunsicherung stürzt.

Der Aufbau eines Bindungs- und Vertrauensverhältnisses vom Hund zum Menschen wird hierdurch extrem erschwert bis gänzlich unmöglich gemacht, leicht werden aber die Weichen für Futterverteidigungsverhalten (Wettbewerbsaggression) hiermit gestellt. Es wird simulierter Nahrungsmangel vorgegaukelt, der so stark wäre, dass die »Eltern« (die zum Hund gehörenden Menschen) sogar gegen ihren eigenen Welpen vorgehen würden. Zusätzlich wird das Thema Kontrollverlust relevant, da gerade solche Verhaltensweisen und Erfahrungen zu einer sehr starken Traumatisierung des Cortisolsystems führen. Tiere, die unter unzureichenden, unübersichtlichen oder anderweitig ungünstigen Nahrungsbedingungen ihre früheste Kindheit und Jugend durchmachen müssen, bekommen ein anfälligeres Stresssystem, da sich mehrere, für Stressreaktionen verantwortliche Zentren im Gehirn vergrößern. Größere Stresszentren im Gehirn aber bewirken wiederum, dass auch schon leichte Stressreize zu einer massiven Verhaltensantwort des Stresssystems führen, das Tier insgesamt stressanfälliger wird. Eine erhöhte Neigung zu cortisolbedingten Verhaltensäußerungen, wie etwa Futteraggression und Angst- bzw. Unsicherheitsverhalten, Trennungsängste, Zerstörungswut usw. sind die Folge.

Grundlageninformationen zum Aggressions- und Kommunikationsverhalten

Konflikte rund um Wettbewerbssituationen, bei denen zwei oder manchmal sogar mehr Individuen etwas möchten, was aber nicht von allen beansprucht werden kann, treten in Sozialverbänden auch dann regelmäßig auf, wenn diese eine gefestigte soziale Struktur haben. Evolutionsbiologisch kommt es daher darauf an, diese Konflikte in geregelte Bahnen zu lenken. Die moderne Verhaltensökologie geht davon aus, dass jedes Tier so handelt, wie es der Maximierung seines eigenen Fortpflanzungserfolgs dient. Die früher üblichen, auf den Vorteil für die Art abzielenden Konzepte, sind evolutionsbiologisch nicht haltbar und werden daher heute nicht mehr verwendet. Wir müssen also, wenn wir das Handeln eines Hundes in einer aggressionsauslösenden Situation verstehen wollen, seine individuellen Abwägungsentscheidungen berücksichtigen. Welchen Vorteil hat er für sich selbst, wenn er eskaliert? Welche Nachteile nimmt er damit in Kauf? Welche Vorteile hätte er bei Deeskalation? Welche Nachteile wären damit verbunden?

Und gerade an dieser Stelle ist wiederum auf den Wert einer vollständigen und kompetenten Sozialisation zu verweisen. Hier können auch in falsch geführten Welpen- und Junghundestunden falsche Tendenzen entstehen. Nicht nur der

Junghunde müssen sich erproben können und dürfen, was nicht bedeutet, dass sie hemmungslos aufeinander »einprügeln« sollen, gemäß dem dusseligen wie gefährlichen Motto »Das machen die unter sich aus!«!

Zurechtweisung ist nötig und erfolgt von Mutter zu Welpe exakt terminiert und situativ angepasst. Das muss der Mensch analog zu vermitteln lernen!

»Kontrolletti«, der alles regeln möchte und Spaß daran findet, Welpen und Junghunde platt zu machen, ist als erwachsener Tutor-Hund in einer Welpen- oder gar Junghundegruppe völlig fehl am Platz. Auch das Gegenstück, der gemütliche Blödel, der sich alles gefallen lässt, wird den Welpen die falschen Erfahrungen vermitteln. Welpen und vor allem Junghunde müssen auch lernen, dass es Konsequenzen hat, wenn sie bei einem Artgenossen gewisse rote Linien überschreiten. Dass dies ohne Blutvergießen und ohne die Notwendigkeit des nachfolgenden Tierarztbesuches stattfinden muss, ist selbstverständlich und wird aber auch bei einem selbstsicheren und gleichzeitig sozial kompetenten erwachsenen Tutor-Hund nicht passieren. Aber man betrachte sich einmal die Aufnahmen, die nicht nur kompetente Züchterinnen, sondern auch Wolfs- und andere Wildkaniden erforschende Kollegen von der Erziehung der Welpen und Jungspunde geliefert haben. Die Zurechtgewiesenen kreischen und schreien wie am Spieß, ohne dass dabei auch nur der geringste

Schaden entsteht. Im Gegenteil, sie bemühen sich möglichst schnell hinterher über Beschwichtigungs-, Unterwerfungs- und auch Versöhnungsverhalten, die Gunst des zurechtweisenden Erziehungsberechtigten wieder zu gewinnen.

Nur so kann man lernen, wie man anderen Artgenossen eben nicht auf die Nerven fällt. Erwachsene Hunde, die in den Welpen- und gar Junghundestunden sagen: »Schluss jetzt, es nervt!«, sind also als Tutoren wesentlich besser geeignet, als die allzu gutmütigen, dickfelligen, die den Welpen alle Freiheiten gewähren und sich dann im Zweifelsfall hinter dem Herrchen oder dem Frauchen, also dem Trainer, verstecken, wenn sie aus der Situation gerettet werden möchten.

Verhaltensökologische Modelle gehen nämlich davon aus, dass gerade in Situationen der Wettbewerbsaggression ein sozial kompetentes Individuum jederzeit bei jedem weiteren Eskalationsschritt zunächst eine innere Abwägungsentscheidung trifft, ob die umstrittene Sache oder Situation es wirklich wert ist, weitere, stärkere Risiken einzugehen. Im Kontakt mit fremden Artgenossen wird dieses Risiko im Wesentlichen aus dem Energieaufwand des weiteren Streits und dem ggf. auftretenden Verletzungsrisiko entstehen. Hier zeigen die theoretischen und auch durch Beobachtungen an vielen Tierarten gestützten Modelle, dass immer nur so weit eskaliert wird, dass der Gegner nicht mit genauso heftigen Maßnahmen zurückschlägt und man dabei nicht selber über Gebühr verletzt wird. Eine generelle Tötungshemmung gibt es nachweislich nicht, und auch Freilandbeobachtungen sowohl an verwilderten Haushunden als auch an Wildkaniden zeigen deutlich, dass diese weder in Form des sogenannten Welpenschutzes noch in Form einer Tötungshemmung unter Erwachsenen nachweislich ist. Auch und gerade Freilandstudien an Wölfen in Gebieten mit guter Nahrungsversorgung (vgl. Yellowstone Nationalpark) liefern eine Menge Beispiele für schwere und tödliche Verletzungen im Rahmen von Wettbewerbsaggression zwischen Gruppen, bisweilen aber auch innerhalb der Gruppe.

Bei Auseinandersetzungen innerhalb der Gruppe kommt noch eine zweite Abwägungsentscheidung hinzu: Ist es die umstrittene Situation Wert, die Beziehung zu einem wichtigen Artgenossen und Sozialpartner zu gefährden? Das Konzept der wertvollen Beziehung, das Hunde offensichtlich aber vorwiegend dann erfahren und verinnerlichen können, wenn sie unter stabilen und sozial kompetenten Beziehungsgefügen aufwachsen, verhindert dann die unnötige Eskalation in vergleichsweise weniger bedeutsamen Situationen. Untersuchungen an Haushunden unter verschiedenen Aufzuchtbedingungen zeigen jedoch, dass das Risiko, in einer Familie jemals vom eigenen Hund intensiv gebissen zu werden, wesentlich größer ist bei Hunden, die entweder von Billig-Vermehrern oder gar aus dem Tierschutz kommen und dass dieses Risiko am geringsten ist bei Hunden, die in der eigenen Familie aufwachsen und dort auch verbleiben. Ausnahmen bestätigen selbstverständlich auch dabei nur die Regel.

Deutliches Spielgesicht beim hellen Hund!

Zum anderen zeigen Untersuchungen an Aufzucht- und Aufwuchsbedingungen von Haushunden aus mehreren Kontinenten (Schweden, Belgien, Ungarn, USA, Australien), dass die Risiken eines ernsthaften Beißvorfalls innerhalb der Familie sehr viel geringer sind, wenn der Hund die ersten zwei Lebensjahre mit vollem Familienanschluss aufgezogen wird, anstatt sein Dasein großenteils oder ganztags im Zwinger bzw. im Hof oder Vorgarten verbringen zu müssen. Die Rasse spielt dabei kaum eine Rolle. Ausnahmen sind, wie Auswertungen der großen C-BARQ-Datenbank von James Serpell gezeigt haben, die eher kleinen Rassen. In den USA stehen Chihuahua und Beagle ganz oben auf dieser Liste der Rassen, die ein hohes Potential aufzeigen, ihre Halter zu beißen.

Die Abschätzung, ob man mit der eigenen Größe, Stärke und Kampfbereitschaft in der Lage ist, eine Auseinandersetzung zu bestehen, ist bei Hunden z. B. durch die Tiefe und Intensität der gegnerischen Knurrlaute möglich. Hier fallen dann in diesen Untersuchungen zugegebenermaßen die Kleinhunde etwas heraus, bei ihnen ist der eingebaute Größenwahn ja teilweise genetisch bedingt, da derselbe Genabschnitt, der die Kleinwüchsigkeit bedingt, auch einen erhöhten Faktor Wagemut und Kühnheit bewirkt. Mittelgroße und große Hunde dagegen können anhand der Tiefe und der anderen akustischen Eigenschaften des Knurrens sehr gut abschätzen, welche Größe ihr Gegner hat, und reagieren entsprechend situationsrichtig.

KLEINHUNDEKOMMUNIKATION

Der Chihuahua stellt morphologisch eine extreme Zuchtform dar. Aber wie wirkt sich dies auf sein Konfliktverhalten mit Artgenossen aus? Dabei spielen Abbruch- und Beschwichtigungssignale eine wichtige Rolle. Untersuchungen reiner Chihuahua-Gruppen (unterschiedlichen Alters, Geschlechts und Hintergrunds) ergaben, dass es in ca. 11 % aller Sozialkontakte zu einer Auseinandersetzung kam, d. h. bei jedem achten Kontakt trat ein Konflikt auf.

Das zuerst erfolgte Abbruchsignal war in ca. 43 % der Fälle »Knurren«. Zweit- und dritthäufigste Signale zum Konfliktanfang waren »Schnappen« (ca. 20 %) und »bedrohendes Vorspringen« (ca. 16 %). Insgesamt machten allerdings Signale ohne Individualdistanzunterschreitung (ca. 63 %) die Mehrheit der Primärsignale aus.

Bei der Gesamtbetrachtung der Konflikte hielten sich Signale mit und ohne Individualdistanzunterschreitung mit jeweils 14 % zu 13 % die Waage. Deutlich höher lag mit 24 % der Anteil der Beschwichtigungssignale. Vergleicht man allerdings Anfangs- mit Nachfolgesituation, nehmen Signale mit Individualdistanzunterschreitung im Verlauf der Kontakte deutlich zu (36 % zu 53 %).

Mit Steigerung der Signalintensität erhöhte sich auch der Erfolg (Distanzvergrößerung), gemessen an der Reaktion des Signalempfängers. So erfolgte auf Beschwichtigungssignale in nur 39 % der Fälle eine Distanzierung, wohingegen es bei Signalen ohne Individualdistanzunterschreitung schon bei ca. 60 % und Signalen mit Individualdistanzunterschreitung ca. 68 % zu einer erfolgreichen Vergrößerung des Abstands zwischen den beiden Parteien kam. Dies konnte ebenso im Konfliktmanagement anderer Kaniden nachgewiesen werden (Fengler, 2009; Müller, 2015).

Außerdem konnte beobachtet werden, dass der Grad der Bekanntheit der Hunde untereinander eine große Rolle in Konfliktsituationen gespielt hat. Somit verhalten sich Chihuahuas sehr ähnlich zu anderen ihrer domestizierten Artgenossen. Es konnte vorerst kein Rasseunterschied festgestellt werden.

Text: Ina Müller

Gerade in der »Schnöselphase« geht es oft hoch her, trotzdem – und gerade jetzt! – lassen sich dabei wichtige Signale der Kommunikation lernen und verfeinern.

Dies ist ein guter Beleg dafür, dass das sogenannte Größenspiel (»Size Game«) auch bei Hunden gilt. Man schätzt die Kampfstärke des Gegners ein, bevor man sich selbst zur Eskalation oder eben auch zum Kleinbeigeben entschließt.
Wenn dieses System nicht funktioniert, kommt es zu einer Reihe weiterer, ebenfalls ursprünglich noch eskalationsdämpfenden und damit kostenbegrenzenden Formen der Auseinandersetzung. Bis es zu einem echten, dann auch auf Beschädigung und ggf. schwere Verletzungen hinauslaufenden Ernstkampf kommt, werden normalerweise eine Reihe von Eskalations- und Ritualisierungsstufen vorgeschaltet. Auch diese sind bei Hunden bekannt und werden entsprechend beschrieben, auch hier ist wiederum nur der sozial kompetente Artgenosse in der Lage, jeweils situationsrichtig zu entscheiden.

Alle diese Erfahrungen kann ein Hund also nur gewinnen, wenn er auch in seiner Welpen- und Junghundezeit die Möglichkeit hatte, durch Knurren, Naserümpfen und andere Formen des Droh- und auch Imponierverhaltens seine Meinung kundzutun und umgekehrt auch zu erfahren, was es bedeutet, wenn ein Artgenosse dies tut. Hunde, die unter diesen Bedingungen recht früh die Wirkung eigener Kommunikation austesten und dann fein justieren konnten, werden in der Regel auch später als Erwachsene in sozialen Situationen nicht so schnell zu beschädigender Aggression greifen.

Die einschlägigen verhaltensökologischen Modelle können in den jeweiligen Lehrbüchern der Verhaltensbiologie, (bspw. Kappeler 2007, Gansloßer et al. 2017) noch detaillierter nachgelesen werden.

KÖRPERGRÖSSE UND GENE UND WIE SIE DAS AGGRESSIONSVERHALTEN BEEINFLUSSEN

Wann beginnt für einen Hund ein Konflikt? Definiert wird diese Situation mit dem erstmaligen Setzen eines Abbruchsignals von Hund A (Sender) gegen Hund B (Empfänger). Hiermit soll meist das aktuell gezeigte Verhalten des Empfängers beendet werden. Doch es gibt Unterschiede, welches Verhalten der Sender gern unterbinden möchte. Manchmal genügt schon eine bloße Annäherung. In anderen Situationen wird ein Abbruchsignal erst gesetzt, wenn ein Hund seinen Artgenossen beriecht. Wann genau die Situation durch ein Abbruchsignal beendet wird, hängt neben Bekanntschaft und Sozialisation der Tiere vermutlich auch von ihrer Genetik ab. So unterbinden einige verwandte Rassengruppen, z. B. Terrier und Treibhunde, die Kontaktaufnahme sehr früh. Andere, wie Retriever und European Mastiff (u.a. American Staffordshire Terrier), unterbinden erst den direkten Kontakt. Möglicherweise sind diese Rassenunterschiede mittels der durchlaufenen Selektion zu begründen. So wurden Retriever zur Hilfe beim Fischfang gezüchtet, wo eine hohe Apportierbereitschaft dringend erforderlich war. Dies kann zu einem verringerten Distanzbedürfnis sowie einer erhöhten sozialen Toleranz geführt haben. Bei der Intensität des ersten Abbruchsignals, also ob distanzwahrend (Fixieren, Knurren, Zähne zeigen) oder distanzunterschreitend (Anspringen, Schnappen), scheint jedoch rassenunabhängig meist eines aus der schwachen ersten Kategorie gezeigt zu werden. Somit folgt die Art der Konflikteröffnung allgemein der Regel einer reduzierten Eskalationsstufe. Erbringen diese schwachen Abbruchsignale nicht das gewünschte Ziel und der Empfänger behält sein Verhalten bei, so werden meist distanzunterschreitende und somit intensitätsstarke Abbruchsignale gesetzt. Diese Signale weisen insgesamt eine höhere Erfolgsquote auf. Das heißt, der Empfänger beendet sein Verhalten bei derartigen Abbrüchen eher, als wenn er z. B. nur angeknurrt wird. Doch wie genau der Empfänger reagiert, scheint auch von seiner eigenen Körpergröße abzuhängen. So neigen große Hunde eher dazu, ein Abbruchsignal zu ignorieren. Kleine Hunde reagieren eher konfliktvermeidend. Eventuell liegt das an der sensibleren Reaktion auf aggressives Verhalten. Aufgrund ihrer geringen Größe hätten sie bei der Eskalation eines Konflikts mit einem größeren Hund ein erhöhtes Risiko verletzt zu werden. Zudem oder gerade deswegen weisen kleine Hunde eine erhöhte Angstreaktion bei Kontakten mit Artgenossen oder bei Körperkontakt auf, was die Wirkung von Abbruchsignalen erhöhen könnte. Insgesamt scheint das Konfliktverhalten des Haushundes allgemein gültigen Regeln zu folgen und deutliche, aber auch deeskalierende Signale zu beinhalten. Trotzdem scheint die Selektion der Haushunde sowie ihr Aussehen das Konfliktverhalten zu beeinflussen.

Text: Bianca Müller

Konflikt und Konfliktmanagement

Wenn man über Aggression und aggressives Verhalten nachdenkt, dann muss man sich auch mit dem Thema Konflikt und Konfliktbewältigung/-management beschäftigen, gerade wenn es um den Wettbewerb um Ressourcen geht.
Die Tabelle zeigt in vereinfachter Form die verschiedenen Entscheidungsmöglichkeiten zur Konfliktbewältigung und zum »Wollen« und »Bekommenkönnen« bzw. »Verzichtenmüssen« auf.
Die Tabelle zeigt auch, dass ritualisierte Verhaltensweisen gerade in Bezug auf Aggression eine große Rolle spielen! Rituale sind ein wichtiger Bestandteil der hundlichen Kommunikation und dienen nicht zuletzt der Verhinderung schwerwiegender Verletzungen. Deshalb sind sie ein wesentliches Element des Konfliktmanagements.

Erwartung / Konflikt

↓

Entscheidungsabwägung

Flucht	Starre	Angriff
defensiv aktiv • Konfliktvermeidung • Akzeptanz der Nichterfüllung von Erwartung	**passiv** • Konfliktvermeidung • Akzeptanz der Nichterfüllung von Erwartung	**offensiv aktiv** • Auseinandersetzung mit Konflikt
agonistisches Verhalten • konfliktvermeidende Signale • Beschwichtigung • Demut	**agonistisches Verhalten** • konfliktvermeidende Signale • Beschwichtigung • Demut • Unterwerfung	**agonistisches Verhalten Aggression** • Droh- & Imponiergehabe (ritualisiert) • Kampf nach festen Regeln (Kommentkampf, ritualisiert) • Beschädigungskampf

Auch Kooperation und Kooperationsbereitschaft gehören zum Konfliktmanagement. Sie ermöglichen – je nach Situation – die Durchsetzung eigener Interessen (Ernährung, Fortpflanzung, existenzielle Konfliktsituationen) und ermöglichen die soziale Anpassung. Dazu müssen eventuell Kompromisse geschlossen werden. Doch wer soziale Beziehungen aufbauen möchte, der muss auch geben und kann nicht nur nehmen. Wem das aber gelingt, der erfährt im Gegenzug soziale Unterstützung, was zu reduzierten Stressfaktoren und verminderter Krankheitsanfälligkeit führt.

Untersuchungen sowohl in unserer eigenen Arbeitsgruppe als auch in anderen Studien haben gezeigt, dass gerade Abbruchsignale, also ein rechtzeitiges: »Hör jetzt auf, Du nervst!«, deutlich zur Deeskalation und auch zum weiteren konfliktarmen Zusammenleben beitragen können. Diese werden übrigens auch sehr häufig von Rangtieferen gegen Ranghohe eingesetzt. Schon allein aus diesem Grunde ist es Unfug, einem Menschen pauschal einzureden, sein Hund sei gefährlich oder gar dominanzbestrebt, wenn er auch mal protestierend knurrt. Gerade die defensiv eingesetzten Abbruchsignale »von unten nach oben« sind nämlich oftmals wieder mit deutlich erkennbarem Ausdrucksverhalten ambivalenter Körperpositionen, Übersprungverhalten und eben der schon im Zusammenhang mit der Defensivterritorialität geschilderten eingeknickten Körperhaltung verbunden. Unsere Untersuchungen zeigen, dass diese Abbruchsignale auch in mehreren, aufeinander folgenden Eskalationsstufen gesendet werden. Die erste Stufe, die übrigens bei Hunden vor allem in stabilen Gruppen meistens schon erfolgreich ist, erfolgt über die reine Distanz hinweg durch Fixieren, Nasekräuseln, Knurren usw. Die zweite Stufe, die in stabilen Gruppen bereits relativ selten eingesetzt werden muss, entsteht durch ein leichtes Verringern der Individualdistanz, durch Scheinvorstöße, Ausfallschritte oder Kopfvorstoßen. Die dritte Stufe erst ist dann eine mit körperlicher Berührung durch Anrempeln, Anstupsen, Ins-Ohr-Zwicken oder Ähnliches, aber eben noch nicht mit besonders heftigen körperlichen Aktionen.

Konflikte sozialer Art sind nicht auf den Bereich des Wettbewerbs beschränkt. Vielmehr gibt es auch Konflikte um zeitliche Aspekte, um Motivationen, um soziales Miteinander, um Nähe und Distanz u.a. Deshalb ist es für das Bestehen des Individuums und das der sozialen Gruppe maßgeblich notwendig, dass es ein Konfliktmanagement gibt und dieses beherrscht wird. Untersuchungen haben belegt, dass es durchaus demokratische Verhaltensweisen und »Abstimmungen« bei Tieren gibt, was Vorrang hat vor allein despotischem Verhalten. Auch das ist ein wichtiger Aspekt in der Mensch-Hund-Beziehung! Die schon bereits zitierten Untersuchungen von Roberto Bonani zur Anführer-Gefolgschafts-Qualität in den italienischen Straßenhundverbänden haben übrigens gezeigt, dass im Gegensatz beispielsweise zu manchen Primaten oder auch Pferden, die Anführer die Gefolgschaft nicht aggressiv einfordern. Wer vorangeht und eine Anführerqualität hat, dem folgt man gerne automatisch nach. In den von ihm geschilderten Beobachtungen bestätigt sich, was wir früher in

Ritualisierte Auseinandersetzungen gehen mit verschiedenster Demonstration von Droh- und Imponierverhalten einher.

einem verhaltensökologischen Modell zur Anführer-Gefolgschafts-Beziehung unter Leitung von Jürg Lamprecht formuliert haben: Die Gefolgsleute fühlen sich durch eine Art unsichtbares elastisches Gummiband mit dem Anführer verbunden. Wird die Distanz zu groß, ist die Spannung auf dem Gummiband groß, und man schließt automatisch wieder auf. Hüteverhalten durch Strafbisse oder ähnliche Maßnahmen, wie man sie eben gerade von ranghohen Pferden oder auch ranghohen Affen mancher Arten kennt, tritt bei den Hunden nicht auf. Wenn Hunde Hüteverhalten zeigen, dann ist dies fehlgeleitetes Verhalten aus dem Funktionskreis Beutefang, aus dem ja auch das Hüteverhalten von nutztiertreibenden Hunden entstanden ist. Hüteverhalten im innerartlichen Sozialbereich dagegen ist bei Hundeartigen eben nicht bekannt.

Wichtig: Ritualisierte Auseinandersetzungen gehen mit verschiedenster Demonstration von Droh- und Imponierverhalten einher, verlaufen unter Umständen sehr laut und können recht lange andauern! Eskalierte Beschädigungskämpfe sind fast lautlose, relativ kurze Kämpfe (abhängig von der individuellen Stärke der Kontrahenten).

Nicht ritualisierte Beschädigungskämpfe können auch eben kurz sein, da im Gegensatz zu den ritualisierten Kommentkämpfen jetzt jeder mit seinem vollsten und nicht mehr steigerbaren Einsatz kämpft. Dann wird sehr schnell klar, wer wirklich der Stärkere ist. Und wenn der andere noch einigermaßen unbeschadet aus der Situation herauskommen will, sollte er schleunigst deeskalieren und sich unterwerfen oder die Flucht ergreifen.

Hundehalter versuchen dann manchmal in fehlgeleiteter Absicht, solche Auseinandersetzungen unter Hunden noch durch einen Griff ins Halsband zu unterbinden. Was dann passiert, ist nicht nur bei sachkundigen Hundehaltern eindeutig bekannt, sondern auch verhaltensökologisch erklärlich: Der Hund, der dadurch gestoppt werden sollte, wird entweder sofort vom anderen attackiert oder geht gleich selbst zum Gegenangriff über. Beide Entscheidungen sind aus den Zusammenhängen der spieltheoretischen Kampfeskalation erklärlich. Ähnliche Beobachtungen gibt es beispielsweise an Rothirschmännern, die einander lange Zeit und intensiv imponierend begegnen: Tritt einer während dieses Stechschritts, bei dem man gegenseitig möglichst viel Stärke demonstriert, beispielsweise plötzlich in ein Loch, stolpert oder kommt anderweitig aus dem Takt, greift er sofort an. Wahrscheinlich ist diese Entscheidung zum Angriff jetzt die letzte Möglichkeit, selbst einen Vorteil zu erlangen, bevor der Gegner einen möglicherweise auf dem falschen Fuß erwischt und seinerseits zu eskalieren versucht.

Und dann verträgt man sich wieder!

Weiter ist es von Bedeutung, dass zum Konfliktmanagement auch das **Versöhnungsverhalten** gehört. Ein beendeter Konflikt verläuft nicht irgendwie »im Sande«, sondern beinhaltet ein versöhnliches Auf-den-Gegner-Zugehen, um die Gesamtsituation wieder zu beruhigen und zu entschärfen. Nach Aureli und de Waal (2000) gehört Versöhnung zu den Pflichten eines Ranghohen. Diese »Verpflichtung« zur Annahme der Versöhnung und Beruhigung des Rangtiefen nach dessen Versöhnungsversuch ist auch im Umgang mit Hunden wichtig. Hierzu ein kleines Szenario, welches ein häufiges, aber eben falsches Reagieren eines Hundehalters aufzeigt: Bello hat es gewagt, sein Herrchen anzuknurren, als dieser an ihm vorbeigehen wollte. Herrchen hat das aber nicht akzeptiert, Bello zurechtgewiesen und auf seinen Platz geschickt. Bello hat sich getrollt, sich auf seine Decke gelegt und den kassierten »Abriss« verstanden. Nach einer Weile kommt Bello etwas geduckt, Herrchen wertet das als »schlechtes Gewissen«, da Bello bestimmt weiß, was er da verbrochen hat, und stupst Herrchen an. Dieser weist den Vierbeiner sofort zurück, ist menschlich nachtragend noch immer sauer und herrscht den Fellkumpel an: »In den nächsten Stunden brauchst Du mir gar nicht mehr unter die Augen zu kommen!« Stressbeladene »dunkle Wolken« am Familienhimmel, statt wiederhergestellter Harmonie ...

Wie oben schon gesagt, ist dies, biologisch betrachtet, nicht sonderlich sinnvoll. Selbst Erik Zimen, der

hier nun noch ein recht rigoros steiles Rangordnungsmodell bei seinen Wölfen im Kopf hatte, soll angeblich gesagt haben, dass auch ein unterlegener Wolf das Recht zum Protest hätte. Andere Untersuchungen an Wölfen und Hunden zeigen dies immer wieder. Wenn ein Hund knurrt, ist dies nicht pauschal ein Grund, um ihn zurechtzuweisen. Es muss auch hier wieder zumindest zwischen offensiver und defensiver Intension des Hundes unterschieden werden. Ein Hund, der defensiv knurrt, weil man ihm beispielsweise zu nahegekommen ist oder gar weil er Schmerzen hat, darf nicht gemaßregelt werden, sondern muss mit seinem Verhalten respektiert werden. Hier muss eben vorbeugendes Verhaltensmanagement eingesetzt werden, beispielsweise sollte der Ruheplatz oder Futterplatz nicht an einer heftig begangenen oder beengten Stelle der Wohnung liegen. Anders sieht es aus, wenn der Hund offensiv knurrt, dann sollte tatsächlich mit Hilfe eines kompetenten Trainers vor Ort ein Plan mit Gegenmaßnahmen entwickelt werden.
Ein guter Spruch einer Trainerkollegin lautet: Einem Hund das Knurren zu verbieten, ist wie beim Rauchmelder die Batterien zu entfernen!

Die vorbeschriebene Situation mit Bello zeigt ein Dilemma der Mensch-Hund-Beziehung auf, welches stellvertretend für viele Situationen stehen kann, aus welchen ein Gefühl des Unverstandenseins sowohl die Gruppenmechanismen negativ beeinflusst, als auch in der Folge aggressives Verhalten verstärken kann. Kennzeichen einer sozialen Gruppe ist, dass diese wie eine funktionierende Zweck-Gemeinschaft den Alltag meistert. Diese Funktionalität ist nur dann gegeben, wenn der Verbleib und der Anschluss an diese Gruppe für jedes einzelne Individuum einen Vorteil bringt. Ein stabiles, soziales System basiert auf Gegenseitigkeit, auf Kooperation, die Problemlösungen innerhalb dieses Systems sind bedarfs- und motivationsabhängig. Untersuchungen verschiedener Arbeitsgruppen, auch in unseren eigenen Studien, haben die Tendenz zur Versöhnung bei Wölfen, afrikanischen Wildhunden und Haushunden unterschiedlichster Konstellationen (von verwilderten Haushunden in der Toskana bis zu Familienhunden in der Hundepension) immer wieder dargestellt. Ein Unterschied scheint zu sein, dass bei Hunden in Gruppen und bei Wölfen in Gehegehaltung die Versöhnung vom ranghohen und rangtiefen Tier gleichermaßen ausgeht. Bei einer Studie wildlebender Wölfe im Yellowstone Nationalpark zeigte sich dagegen, dass die Versöhnung überwiegend vom rangtieferen Tier ausgeht, vom ranghöheren aber sofort angenommen wird.

Ein besonders aufregender Befund zur Sozialkompetenz von Wölfen in diesem Zusammenhang, der anekdotisch auch durch Beobachtungen von Hunden gestützt wird, betrifft das Verhalten unbeteiligter Dritter in solchen Situationen: Ganz häufig kommt dann ein unbeteiligter Dritter, der möglicherweise den Streit gar nicht mitbekam, hinterher zum Verlierer der Auseinandersetzung, äußert besonders deutlich positives Sozialverhalten ihm gegenüber und fängt ihn damit tröstend wieder auf. Gerade das zeigt einerseits, wie sozialkompetent Hunde und Wölfe sind, dass sie nur an geknicktem und »bedröppel-

Manch »freundliches Grinsen« wird missverstanden. Das Foto hier ist keine Fotomontage und der Hund definitiv gut gelaunt!

tem« Aussehen des Verlierers offensichtlich erkennen können, dass es ihm schlecht geht (weil er auf die Mütze bekam), andererseits aber auch, wie wichtig ein entspanntes und wiederhergestelltes Beziehungsgefüge in der Gruppe sein muss, wenn sogar ein unbeteiligter Dritter riskiert, den Zorn des Gewinners oder/und Ranghöheren auf sich zu ziehen, indem er sich mit dem Verlierer solidarisiert.

Verspürt das Individuum keinen Nutzen aus der Gruppenzugehörigkeit, dieser Nutzen beinhaltet u.a. Schutz, Versorgung, Akzeptanz, Sicherheit, Führung, Zuwendung, Vorbildfunktionen, so wird es sich dieser Gruppe zu entziehen versuchen – physisch und/oder psychisch. Bei unseren Hunden sind das dann z. B. die Hunde, die im Alltag grundsätzlich nur ihr »eigenes Ding« machen, ihre Menschen maximal als notwendiges Übel betrachten oder als Aktionsradius beschneidende Störfaktoren werten. Von Team keine Spur ...
Ein rangtiefes, untergeordnetes Tier muss einen Anreiz haben, um in der Gruppe zu bleiben. »Wer seine Wurst abgibt, der muss etwas anderes dafür bekommen.«, wie Udo Gansloßer bei seinen Vorträgen gern den Zusammenhang verdeutlicht.

VON STREITHÄHNEN, ALLTAGSRAMBOS UND GASSENPÖBLERN

»Gute« Aggression – »böse« Aggression

Diese mit menschlichen Wertvorstellungen einhergehende Betrachtung von Aggression, sollte man gar nicht erst versuchen, anzustellen. Was ist »gut« und was ist »böse«? Sinnvoller wäre die Hinterfragung von aggressiven Verhaltensweisen hinsichtlich biologisch nachvollziehbar, angepasst bzw. unangepasst oder übersteigert vorgebracht.

Aggressives Verhalten wird vor allem dann ausgeführt, wenn:

- es Erfolgsaussichten verspricht,
- es nicht durch Strafandrohungen oder moralische Bedenken gehemmt wird,
- vorangehende Frustrationen Ärger auslösen,
- aggressive Hinweisreize vorhanden sind,
- es durch aggressives Verhalten anderer angeregt wird.

Aggressives Verhalten ist durchaus erlern- und auch konditionierbar. Macht der Hund in einer Situation die Erfahrung, dass ihm eine Verhaltensweise dazu verhilft, die Situation/den Konflikt in seinem Sinne zu lösen, so wird er diese Verhaltensweise als erfolgversprechend abspeichern und zukünftig immer wieder gern als Reaktionsmuster abrufen. Derartige Vorgänge kennt quasi jeder Hundehalter – und so manchem machen sie den Alltag mit dem Vierbeiner schwer: Da wird an der Leine »rambo«niert, dort wird das Futter, das Spielzeug oder das Frauchen/Herrchen lautstark und »Zähne deutlich« verteidigt und wieder woanders führen Verhaltensweisen zum Haareraufen. Der absolute Klassiker: Der Briefträger kommt an die Haustüre und will die Post einwerfen. Der Vierbeiner hat nur darauf gewartet und reagiert mit einer wütenden Attacke Richtung Türe. Prompt hört er die sich entfernenden Schritte des »Feindes« und verbucht den Lerneffekt für sich: So macht man das, erfolgreich in die Flucht geschlagen!

Auf dem eigenen Grundstück nehmen viele Hunde die Aufgabe des Bewachens sehr ernst. Kein Wunder, sind unsere Hunde doch territoriale Lebewesen, mal mehr, mal weniger, mal extrem oder weniger extrem ausgeprägt. Es ist (wieder einmal) Aufgabe des Menschen, diese natürliche Anlage in geordnete Bahnen zu lenken. Der jugendliche Hund, der unbeaufsichtigt und allein

So von oben herab lässt es sich auch mal gut mit dem »Chef« aufnehmen. Da dieser seinen »Pappenheimer« aber gut kennt, nimmt er es gelassen hin und spielt das Spiel »Großer, böser Löwe« mit.

gelassen auf dem Grundstück läuft, bellt und in solchen Situationen lamentiert, tut dies zumeist aus gnadenloser Überforderung. Er ist aufwendigen Wachaufgaben noch gar nicht gewachsen. Der alte Hund, der im Garten rumlümmelt und sich in Rage kläfft, vermag die Geschehnisse womöglich gar nicht mehr richtig einzuordnen und bellt, weil er zumindest das selber spürt und somit Aktivität beweist. In beiden Fällen ist die beste Lösung: Hund ins Haus und nicht unkontrolliert alleine draußen lassen! Der jugendliche Hund muss lernen, was der erwachsene Hund dann eben können sollte: Er darf melden (und wird vom Menschen dafür auch bestätigt), aber dann übernimmt der Mensch und der Hund tritt in die zweite Reihe!

Einige Fellnasen machen sich aber einen regelrechten Sport daraus, versteckt hinter einer Ecke zu warten, um dann plötzlich wild kläffend hervorzuschießen und den ahnungslosen Passanten so zu erschrecken, dass dieser einen Satz zur Seite macht! Tolle Freizeitbeschäftigung, die einen riesen Spaß macht – und nicht toleriert werden sollte, auch wenn sie einem selbst ein Schmunzeln entlockt, wenn man erlebt, wie einfallsreich manch' Vierbeiner vorgeht.

Humor ist übrigens eine Erscheinung, die durchaus auch bei nicht menschlichen Tierarten beschrieben wurde. Eine Zookollegin schilderte folgende Situation: Ein großer, starker Tigerkater bewohnte ein großes Gehege, das von einem leicht abschüssigen Besucherweg flankiert wurde. Im betreffenden Zoo war die Mitnahme von Hunden erlaubt. Mehrfach beobachtete sie nun, speziell in der Dämmerung, dass der Tiger sich im Gebüsch hinter einer Sichtblende versteckt hielt, bis ein Besucher mit Hund den abschüssigen Weg betrat. Kaum war das geschehen, stürzte sich der Tiger mit lautem Gebrüll an die Sichtscheibe des Geheges. Und prompt flog der Mensch in hohem Bogen auf die Nase oder andere wertvolle Körperteile, weil der Hund im Fluchtsprung davonstürzte. Sie schildert das Ausdrucksverhalten des Tigers dann als geradezu breites, selbstzufrieden wirkendes Grinsen.

Das Lernen am »Erfolg« ist im Zusammenhang eng mit dem Lernen am Modell und strategischem Verhalten verbunden. So wird Aggression leicht zur Taktik gemäß »Angriff ist die beste Verteidigung«. Auch die Tatsache, dass der Hund beim Vorbringen aggressiver Verhaltensweisen Aufmerksamkeit seines Menschen erhält, kann ihn zu »strategischer Aggression« verleiten. Mag es noch so absurd klingen, aber auch negative Aufmerksamkeit (Schimpfen, Maßregeln) ist Aufmerksamkeit. Das macht die notwendige Vermittlung von Abbruchsignalen nicht immer einfach. Letztlich wird nicht das aggressive Verhalten selbst gelernt, sondern die Konsequenz daraus! Das ist besonders wichtig zu verstehen, wenn es um die Anleitung und Erziehung des Hundes und das Mensch-Hund-Hund-Hund-Miteinander geht.

Vorsicht: Manchmal wird Hunden in Hundeschulgruppen ein Freispiel nach der Gruppenstunde zugestanden. Das ist nicht risikolos und ungefährlich! Das konzentrierte Arbeiten, das Üben unter Ablenkung und Anwesenheit der Artgenossen, Konfliktsituationen während der Übungsstunde (Mensch-Hund oder Hund-Hund, aber auch Mensch-Mensch!) führen dazu, dass das Stresssystem des Hundes hochgefahren ist. Kommen nun noch Geschwindigkeit und körperliche Aktionen wie Rempeln und Body-Checks mit dazu, können Situationen leicht kippen. Außerdem bedarf es unter Umständen gerade auch Ruhe und Entspannung, um Gelerntes zu verinnerlichen und regelrecht »sacken« zu lassen. Hier kommt es auf die Art und Weise und den Inhalt des Vorangegangenen an.

Die Zusammenhänge zwischen Spielverhalten und Lernen, auch und gerade bei Hunden, sind nämlich durchaus differenzierter zu sehen. Mehrere Untersuchungen haben gezeigt, dass Hunde, wie übrigens auch durch Untersuchungen an Menschen und Labortieren bereits erwartet, nur dann einen gelernten Sachverhalt durch unmittelbar anschließende Tiefschlafphase besonders gut verinnerlichen, wenn sie auf schwierigen Lösungswegen zu einer selbst erarbeiteten Problemlösung

Gruppenmechanismen wirken vielschichtig. Die Mundwinkel der Hunde zeigen, dass hier nicht alle Spaß haben. (Man beachte den weißen Hund hinten rechts.)

und damit zum Erfolgserlebnis gekommen sind. Beispiele dafür sind komplizierte Fährten, Trick Dog- oder Mantrailing-Kurse. Hunde, die Routineaufgaben, etwa ein langweiliges Sitz-Platz-Fuß-Training, oder sonstige eintönige Trainingsaufgaben im Kurs bewältigt hatten, profitieren durchaus von einer anschließenden heftigen, temperamentvollen Spieleinheit. Die Wirkung des Dopamins, die emotional lernverstärkend wirkt, hat nämlich zwei Richtungen: sie wirkt vorausschauend, das heißt, man erinnert sich an eine Situation und findet sie das nächste Mal wieder toll, und sie wirkt retrospektiv, das heißt, sie kann auch eine vorangehende Situation noch emotional positiv kommentieren

und damit zur Abspeicherung im Langzeitgedächtnis markieren. Bei der Abspeicherung ins Langzeitgedächtnis wird nämlich das emotionale System um eine Stellungnahme gebeten. Meldet das emotionale System sich bei einer Erinnerung im Schlaf nicht, wird diese leichter gelöscht, als wenn das Emotionssystem hier positive (oder auch negative, aber das möchten wir ja ethisch nicht!) Kommentare abliefert.
Die Untersuchungen an Hunden haben das bestätigt: Hunde, die nach dem Lernprozess gespielt haben, konnten einen Tag später und eine Woche später das Gelernte wesentlich besser rekapitulieren als solche, die unmittelbar nach dem Lernprozess spazieren geführt wurden. Hunde, die nach dem Lernprozess geschlafen haben, waren eben nur dann besser, wenn sie eine selbst erarbeitete Problemlösung erlebt hatten.

Aggression im innerartlichen Kontakt

Hundebegegnungen im Alltag laufen leider nicht immer entspannt und konfliktfrei ab, auch wenn wir es uns noch so wünschen. Und es gibt unvermindert die »Tun nix, wollen nur spielen-Hunde«, die ohne Leine auf alles und jeden zulaufen, Hundehalter mit angeleinten Hunden in Schwierigkeiten bringen und vom Menschen aus unkontrolliert machen können, was sie wollen. Und gar nicht selten wollen die nicht »nur spielen« und auch nicht »nur guten Tag sagen« und erst recht nicht zurückgehen, wenn sie von ihrem zugehörigen Menschen – so der sich überhaupt in Sicht- und Hörweite befindet! – gerufen werden. Häufig sind es einfach nur unerzogene Hunde mit Hundehaltern, die sich das Leben schön einfach machen. Immer wieder werden Hundetrainer gefragt, was man in solchen Situationen als Halter eines angeleinten Hundes tun soll. Die Antwort ist nicht einfach zu geben, erst recht nicht pauschal. Grundsätzlich ist es aber schlimm, dass die leider häufig zu erlebende Rücksichtslosigkeit unter den Hundehaltern (aber auch von Hundehaltern zum Rest der Gesellschaft) immer wieder zu solchen Situationen führt.

Leinenpöbelei hat verschiedene Ursachen und muss gründlich analysiert werden. Mögliche Gründe können sein:

- Die Leine verhindert Konfliktmanagement, und der Hund sieht sein Heil in der Situation im Angriff. Ist der andere Hund überrumpelt und verunsichert und läuft davon, verzeichnet der Angreifer den Erfolg, den er als Lösungsstrategie abspeichert.
- Die Leine verursacht Unsicherheit und der Hund sieht sein Heil in der Situation im Angriff.
- Die Leine überträgt die Unsicherheit des Menschen, und der Hund sieht sein Heil in der Situation im Angriff.
- Die Leine überträgt die Angespanntheit des Menschen, und der Hund sieht sein Heil in der Situation im Angriff.
- Die Leine stärkt den Hund und er wird angriffswilliger.
- Krankheit, Alter und Erfahrung beeinträchtigen den Hund und er scheut Kontakt. Durch Abwehrverhalten will er sich alles vom Hals halten.

Leinenrambos sind im Alltag oft zu sehen, die Ursachen für das Verhalten sind vielschichtig

- Mangelnde Gewöhnung an diverse Reize verursachen Stress (denken wir an Großstädte, wo die meisten Hunde cool und gelassen an Straßen und Artgenossen entlanggehen, ohne darauf zu reagieren, in ländlicher Umgebung aber knurrend und kläffend vor Pferd oder Kuh stehen und umgekehrt).
- Lernerfahrungen diverser Art.
- Mangelnde oder fehlerhafte Anleitung durch den Menschen/Probleme in der Mensch-Hund-Beziehung.

Vorsicht: Zeigt der Vierbeiner das Aggressionsverhalten nur an der Leine, hat aber im Freilauf keinerlei Probleme mit Artgenossen, so ist das meist ein Zeichen von Unsicherheit. Im weiteren Verlauf der erfahrenen Erfolge wird er leicht zum »trainierten Gewinner« und ändert dann auch seine körpersprachlichen Signale ins offensive Aggressionsverhalten. Angeblich gewinnen ca. 75 % der Angreifer das »Match«, wenn der Angegriffene überrascht wird!

Hunde reagieren an der Leine häufig anders als im Freilauf. Manche grenzen die Nähe zum Besitzer ab, beanspruchen typgebunden eine sogenannte Individualdistanz, fühlen sich durch die radiusbegrenzende Leine vielleicht verunsichert oder umgekehrt durch die direkte Nähe zum Menschen »stark« und »unbezwingbar«.
Auch hier zeigen sich häufig erste Anzeichen von unerwünschtem Verhalten an der Leine im Zeitfenster der Pubertät, in welchem der junge Hund aus Unsicherheit und Unerfahrenheit im Umgang mit der »großen, weiten Welt« dazu neigt, übersteigert auf Außenreize zu reagieren. Der von den »Aussetzern« seines Vierbeiners überraschte Mensch reagiert u.U. der Situation völlig unangemessen entweder mit dem Versuch des Beruhigens (was der Hund als Bestätigung auffassen würde) oder mit Druck und Härte (was den unsicheren Hund zusätzlich verunsichert und/oder den aufgeheizten Vierbeiner zusätzlich puscht).
Erstmals zeigt sich solches Verhalten häufig mit der beginnenden Pubertät. Die hormonelle Umstellung, die daraus entstehende Verunsicherung (aber auch der zusätzlich resultierende Größenwahn) können dazu führen, dass der bis dato friedliche Vierbeiner anfängt, den »Zampano« zu spielen. Die Überraschung für die Besitzer ist groß, das verwunderte So-was-hat-er-ja-noch-nie-Gemacht gekoppelt mit dem Schrecken, plötzlich eine »Bestie« an der Leine zu haben.
Es entspricht durchaus der Tatsache, dass bestimmtes Hundeverhalten durch Ignorieren ausgelöscht werden kann. Aber das bezieht sich nur auf solches Verhalten, welches nicht selbstbelohnend ist. Theater an der Leine zu machen ist aber selbstbelohnend! Der Kontrahent geht weiter (ist also erfolgreich vertrieben worden) und die Aufmerksamkeit des Menschen ist einem so tobenden Vierbeiner auf jeden Fall sicher.
Hier ist wieder der Zweibeiner gefordert: Vorausschauendes Handeln, kein »Beruhigen« und kein Konfrontationskurs, damit der Hund in kleinen Schritten lernen kann und mit der Zeit auch geringere Individualdistanz auszuhalten befähigt wird.

Wichtig: Gerade bei der konditionierten Aggression, der Selbstschutzaggression und dem trainierten Gewinner wird verständlicherweise versucht, diese erfolgsversprechenden Mechanismen auf jede andere beliebige Situation anzuwenden. Was in Situation A funktioniert hat, sollte doch auch in Situation B anwendbar sein! Ausschlaggebend ist hierbei die bereits angesprochene Persönlichkeitsstruktur (siehe Seite 32 > Selbstschutzaggression Kapitel 2).

Mobbing

Vielfach wird der Begriff Mobbing sehr unreflektiert für alle Situationen verwendet, in denen ein Hund von einem oder mehreren anderen attackiert, gejagt, verfolgt, geärgert oder sonstwie beeinträchtigt und bedrängt wird.

Zu einer differenzierteren Betrachtung ist jedoch dringend erforderlich, dass hier auch die Begrifflichkeiten auseinandergehalten werden. Nicht nur deshalb, weil man sich nur mit klarer Begrifflichkeit unterhalten kann, sondern auch deshalb, weil die einschlägigen Gegenmaßnahmen durchaus unterschiedlich aussehen müssen.
Zunächst muss hier für Klarheit gesorgt werden: Ein Mob ist eine Menge, ein einzelner Hund (oder auch Mensch!) kann einen anderen nicht mobben, es sei denn, er leidet unter multipler Persönlichkeitsstörung. Echtes Mobbing ist also immer der Angriff von mehreren auf einen. Wenn ein Hund (oder auch Mensch) einen anderen ärgert oder belästigt, wird dies im englischen Sprachraum durchaus korrekter als »Bullying« bezeichnet. Solche »Bullys« wiederum können aus unterschiedlicher Motivation heraus handeln. Zum einen sind es oftmals unsichere, emotional instabile Individuen, die sich eben an einem anderen, noch schwächeren Artgenossen gewissermaßen ein bisschen Erfolgserlebnis holen. Andererseits können es auch die bereits erwähnten Lustraufer sein, die irgendwann gelernt haben, dass es Spaß macht, aggressiv zu sein. Hier ist immer noch Obelix, der das Piratenschiff am Horizont erspäht und in Freudentaumel verfällt, das beste Modell.

Verhaltensökologisch hat der Mobbingbegriff zunächst eine ganz andere Bedeutung, nämlich die als Hassen bezeichnete Reaktion von meist kleineren Tieren auf die Anwesenheit eines großen oder gefährlichen Gegners. Hier werden in der Regel dann die Beispiele von Kleinsäugerkolonien (Erdmännchen, Erdhörnchen) oder Singvögeln angeführt, die gemeinsam durch heftige und lautstarke Angriffe einen Fressfeind aus dem Revier vertreiben. Näheres dazu wurde bereits im Kapitel über die Jungtierverteidigungsaggression (Seite 40) dargestellt.

In einer der menschlichen Verwendung vergleichbaren Art wird der Begriff des Mobbings, z. B. bei afrikanischen Wildhunden, erstmals von dem Ehepaar van Lawick-Goodall bei ihren Beobachtungen in der Serengeti eingesetzt: Die gemeinschaftlichen Angriffe innerhalb einer Gruppe z. B. auf ein unlängst in der Rangordnungsauseinandersetzung unterlegenes und jetzt als Freiwild für alle dienendes, ehemaliges ranghohes Gruppenmitglied.

Fälschlicherweise wird der Mobbingbegriff aber auch eingesetzt, wenn Szenen ablaufen, die sich eigentlich als Gruppenjagd darstellen. Wenn auf der Hundewiese ein bspw. durch unsichere Körperhaltung, leichte Gangartprobleme oder ähnliche körperliche Merkmale herausstechendes Individuum gewissermaßen auf allgemeinen Beschluss zum Pseudohasen deklariert und dann von allen verfolgt und gejagt wird, ist dies eben kein Mobbing im sozial-psychologischen oder arbeits-psychologischen Sinn. Hier ist auch die Körperhaltung deutlich erkennbar eine andere, die Verfolger zeigen eine sehr entspannte, bisweilen sogar freudig erregte Haltung und keineswegs aggressive Signalisierung oder Mimik. Ein zweiter interessanter Punkt ist dann zu beobachten, wenn der Pseudohase, bspw. weil er einen Zaun an der

Rennspiele machen den meisten Hunden Spaß, doch manchmal wird daraus ein unschönes »bullying« (1 gegen 1) oder Mobbing (mehrere gegen 1).

Grenze des Geländes erreicht hat, plötzlich stehen bleibt und sich umdreht. Bei echtem, sozial motiviertem Mobbing würden die anderen sich dann recht schnell in aggressiven und drohenden Signalisierungen ergeben und möglicherweise auch gemeinsam auf ihn stürzen. Beim Gruppenjagdverhalten dagegen stehen oder sitzen sie zum Teil auch alle plötzlich völlig entschlusslos herum und zeigen deutlich, dass sie nicht wissen, wie es nun weitergehen soll.

Daher muss eine ausführliche Betrachtung des Signal- und Ausdruckverhaltens der Hunde in dieser Situation vorangehen, da das letztgenannte, auf Pseudohasen ausgerichtete Gruppenjagdverhalten eben mit denselben Methoden anzugehen ist, wie ein echtes Anti-Jagd-Training, wohingegen der sozial motivierten Ausschlussaggression eben tatsächlich mit Methoden der Aggressionskontrolle und des vorausschauenden Sozialmanagements zu begegnen ist.

FALL BEISPIEL

Kiss, Me, Kate

Bereits in unserem Buch »Verhaltensbiologie für Hundehalter – Das Praxisbuch« (Kosmos-Verlag, 2011) berichteten wir von den drei Hündinnen Kiss, Me und Kate. Sie stammten aus südeuropäischen Tierschutz-Heimen und waren nach und nach zu Familie Berens gekommen. Alle drei Hündinnen sind nach gängiger Tierschutzmanier kastriert zu den neuen Besitzern gekommen und im Altersabstand von ca. 3 Jahren (6, 3 und 1 Jahr alt). Die »drei Grazien« sind gut erzogen, Familie Berens ist weitestgehend zufrieden, das Alltagsleben entspannt und unkompliziert. Wenn da nicht diese komischen Aussetzer bei Spaziergängen im Freilauf wären ...

Familie Berens geht sehr gern in Gesellschaft mit anderen Mensch-Hund-Teams spazieren. Kiss, Me und Kate sind »eigentlich« sozialverträglich und jeder Hund für sich spielt gern mit Artgenossen ausgiebig und fröhlich herum. Sind aber alle drei Hunde gleichzeitig im Freilauf und ein fremder Hund kommt dazu, sieht das Geschehen oft ganz anders und definitiv nicht nach Spiel aus: Kiss, Me und Kate jagen den Hund kreuz und quer, lassen ihm keine Chance zu entfliehen, bilden immer neue, aber ausgeklügelte Verfolgungsstrategien und zeigen nach einer Weile auch Schein- und Ernstangriffe, vornehmlich in den Nackenbereich. Begleitet wird das Ganze von hohen, jiffenden Bell-Lauten.

Das Auftreten der »Bell- und Jiff-Laute« während der Jagd zeigt bereits ebenso wie die angewandten Taktiken, dass es sich bei den Verhaltensweisen der drei Hündinnen offensichtlich aber nicht um Spiel handelt. Ebenso wird keinerlei Verhalten aus anderen Funktionskreisen in diesem Zusammenhang geschildert. Werden die Hündinnen einzeln geführt, so zeigt sich deutlich, dass ohne den Rückhalt der Rollenverteilung im Rudel offensichtlich das Jagdverhalten nicht auslösbar ist. Hier spielen also Lernprozesse eine Rolle, offensichtlich ist die Erfahrung eindeutig gewesen, dass man nur im Verband in solchen Situationen erfolgversprechend handeln kann. Ähnliche Auswirkungen von Lernprozessen begegnen vielen Mehrhundehaltern im Alltag, wenn z. B. der einzeln geführte Hund völlig anders reagiert als in vergleichbarer Situation in Anwesenheit seiner vierbeinigen Mitbewohner.

Familie Berens suchte Rat und Hilfe bei einem Hundetrainer. Dort erfuhren sie, dass Hundebesitzer häufig Interaktionen zwischen Hunden als Spielsituation ansehen, die keinesfalls als Spiel zu bezeichnen sind! Gerade da, wo mehrere Hunde einander gut kennen, weil sie zusammenleben oder sich immer wieder auf Spaziergängen begegnen, werden fremd hinzukommende Hunde oft regelrecht schikaniert. Das geht vom nervenden Piesacken bis zum Attackieren mit Beschädigungsabsicht. Daher ist es wichtig zu wissen, was echtes Spiel ist, wie es erkannt wird und wie es verläuft. Für die schikanierten Hunde bestehen ernsthafte Risiken von psychischen und physischen Schäden. Und auch die »Schikanierer« lernen ungünstige Schlüsse, die sie aus diesen Situationen ziehen!
Solche Szenarien zeigen deutlich, dass Rudelbildung und koordinierte Zusammenarbeit bei unseren Haushunden noch in sehr ähnlicher Art und Weise stattfinden wie bei den Vorfahren. Das Übernehmen von unterschiedlichen Rollen und das Entwickeln von Taktiken bei der Überwältigung des Opfers zeigen eine ausgesprochen hohe Kompetenz.
Es ist von entscheidender Bedeutung, die wichtigsten Merkmale von echtem Spiel im Unterschied zu anderen Verhaltensweisen deutlich unterscheiden zu lernen:

1. Im Spielverhalten finden regelmäßige Rollenwechsel statt. Jäger und Gejagter wechseln ab, bei Balgereien liegt mal der eine, mal der andere oben.
2. Verhaltensweisen aus verschiedenen Funktionskreisen werden im Spiel vermischt. Elemente des Jagens, der sozialen Körperpflege, des innerartlichen Kampfverhaltens, aber auch des Sexualverhaltens können völlig unsortiert aufeinander folgen.
3. Echtes Spiel ist immer von beiden Seiten lustbetont und entspannt. Eindeutige Spielsignale und übertriebene und überschießende Bewegungsfreude und Mimik belegen das.

Ist man sich nicht sicher, ob alle Beteiligten das Geschehen noch als Spiel empfinden, kann der Mensch es kurz unterbrechen und die Teilnehmer trennen (aber bitte nicht alle zehn Sekunden, um zu gucken, ob ...) Wird der Kontakt freiwillig wieder aufgenommen und gesucht? Will das Miteinander von den vermeintlichen Spielpartnern fortgesetzt werden? Wenn ja, dann dürfte alles im grünen Bereich liegen, auch wenn es »heftig« ausschaut und sich beängstigend anhört.

Wer nicht weiß, was ein Spielgesicht ist und wie übertriebene, luxorierende Bewegungen aussehen, hier zeigt es Lobo (links) mehr als deutlich!

Besonders bedeutsam sind solche ablehnenden Situationen z. B. dann, wenn ein neues Mensch-Hund-Team in eine Vereinsgruppe, Hundestaffel oder auch einfach nur in eine Gruppenstunde in der Hundeschule kommt. Auch Beobachtungen an verwilderten Haushunden zeigen deutlich, dass hier gemeinsame Gruppenaktionen gegen durchziehende nomadische andere Hunde oder die Hunde von Touristen oder auch von durchziehenden Wanderschäfern in einer sehr koordinierten Art und Weise stattfinden. Hier muss also wiederum mit vorausschauendem Sozialmanagement gearbeitet werden, um den Neuling zunächst mit einem nach dem anderen in der etablierten Gruppe vertraut zu machen, wobei idealerweise mit den zwar stabilen, aber rangtieferen Individuen der Stammgruppe begonnen werden sollte und erst im Laufe der Zeit dann auch die ranghöheren und schließlich die Leittiere der Gruppe mit dem Neuling vertraut gemacht werden sollten. Nimmt man den umgekehrten, bisweilen bequemer und schneller erscheinenden Weg, kann es sehr viel leichter dazu kommen, dass der Neuling sich gewissermaßen die Protektion des Ranghöchsten verschafft und dann mit den rangtieferen Anderen gar kein Interesse zur Ausbildung echter sozialer Beziehungen mehr hat.

Und schließlich muss auch noch eine klare Unterscheidung getroffen werden zwischen den Verhaltensweisen, die während eines auch noch so heftigen und temperamentvollen Rauf- und Kampfspieles auftreten, und dem, was dann wiederum von Laien und solchen, die nicht zugeben es zu sein, als »Mobbing« bezeichnet wird. Spielverhalten ist durch eine Reihe von besonderen Kennzeichen ausgewiesen, dazu gehören wie gesagt u. a. Rollenwechsel, Selbsthandicap, eine klare Spielsignalisierung (Spielgesicht, hüpfender Gang, als Schaukelpferdgang bezeichnet, der Henkelschwanz) und Spielverhalten ist immer freiwillig und gegenseitig. Sobald es einem der Beteiligten keinen Spaß mehr macht, beendet er oder sie das Spiel. Wenn dann die anderen das nicht akzeptieren und weiterspielen wollen, ist dies zwar kein Mobbing, aber trotzdem eine Situation, die kompetent unterbunden werden muss. Andererseits gehört eben gerade das raue, temperamentvolle und bisweilen auch überschäumende Raufen, Balgen und Toben zu den wichtigsten Elementen in der Sozialisation von Heranwachsenden und Pubertären, da nur in diesen Situationen die notwendigen Cocktails von verschiedenen Wachstumsfaktoren und Botenstoffen im Gehirn ausgeschickt werden, die für eine Strukturierung des Gehirns und gerade für die Vermeidung von Aufmerksamkeits- und Hyperaktivitätsstörungen nötig sind.
Jedoch muss auch gerade das Merkmal des Rollenwechsels immer individuell betrachtet werden. Es gibt viele, vor allem schnelle Hunde, die lieber den Pseudohasen abgeben, sich also gerne jagen lassen, und nur selten die Rolle des Jägers übernehmen. Hier kann dann allerdings eben die Kombination aus Selbsthandicap und Mimik des Hundes die Entscheidung erleichtern, ob es sich noch um Spielverhalten handelt oder ob eingegriffen werden muss.

Es bedarf also sehr genauer Beobachtung, um die auftretenden Verhaltensweisen dieser Situation gut zu taxieren. Vorteilhaft für Hunde - und nachteilig für die betreuenden Menschen - ist dabei auch deren Fähigkeit, buchstäblich schneller zu sehen als der Mensch. Die wesentlich größere Bildwahrnehmungsfrequenz, die dem Hund erlaubt, viele Verhaltensweisen in Zeitdehnung zu sehen, kann eben auch ein schnelles, nur kurz über das Gesicht huschendes Grinsen, Mundwinkelziehen oder Zwinkern noch erkennbar machen, was der Mensch dann nur in einschlägigen Videoaufnahmen sehen würde. Aus diesem Grunde ist es notwendig, dass Spielstunden, vor allem bei Welpen und Junghunden, eben von kompetenten Personen geleitet und betreut werden, und nicht, wie es leider in vielen Hundeschulen und Vereinen üblich ist, von den Anfängern, die dort angeblich noch nicht viel falsch machen könnten.

Was passieren kann

Gerade auf den Hundeauslaufflächen, wo sich fremde, aber auch miteinander bekannte Hunde treffen, ergeben sich Situationen, in denen es zum Mobbing oder zur Gruppenjagd auf den Pseudohasen kommen kann, deshalb sind sie durchaus mit Vorsicht zu genießen und nicht nur der reine Segen. Opfer sind in den meisten Fällen die ohnehin unsicheren, unterwürfigen Hunde. Auslöser sind oft zuerst durchaus noch spielerisch verlaufende Jagdspiele, die früher oder später kippen (können, nicht müssen). Es beginnt eventuell mit einem energischen, aber nicht verletzenden Biss ins Hinterteil des Verfolgten, der durch diese heftige Attacke verunsichert die Rute einklemmt und schnell versucht zu entfliehen. Ein kurzes Aufquieken macht die anderen Verfolger auf die missliche Lage des »Opfers« erst recht aufmerksam – und schon wird der armen Fellnase der noch mögliche Fluchtweg abgeschnitten. In die Enge getrieben, wird der so Verfolgte nur noch um sich schnappen, dabei dreht er sich im Kreis, da er nun von allen Seiten her attackiert wird. Seine Körpersprache zeigt deutlich, dass er völlig verunsichert ist. Aus dem Rennspiel ist eine ernst zu nehmende Jagdattacke mit taktisch ausgeklügelter Vorgehensweise der Jäger gegen die vermeintliche Beute geworden. Diese Lage ist für den bedrängten Hund völlig aussichtslos, er hat nicht die Chance, sich alleine zu befreien. Je mehr er abwehrt, umso heftiger können die Angriffe der Kontrahenten werden. Besonders gefährlich wird es aber, wenn Kleinhunde in die Rolle des Gejagten kommen. Völlig unverständlich ist es dann, dass die Besitzer immer noch fröhlich plaudernd am Rande stehen, sich über die neuesten Nachrichten unterhalten und weiterhin der Meinung sind: »Ach, was spielen die doch heute wieder schön!« Dabei er- und durchlebt der »Prügelknabe« gerade Todesängste.

Wichtig: In solchen Situationen muss der Mensch unbedingt eingreifen, wenn er nicht schon vorher den Ansatz der kippenden Situation erkannt und seinen Vierbeiner zu sich gerufen hat, um ihn vor einem womöglich folgenschweren Verlauf zu retten.

Sichere Hunde haben oft eine andere Taktik: Kommen ihnen die Verfolger zu nah, bleiben sie abrupt stehen. Durch das Herausnehmen von Geschwindigkeit und/oder Bewegung, hört die Verfolgungsjagd spontan auf. Manche Verfolger machen regelrecht einen verdutzten Eindruck, wenn das vermeintliche »Beuteopfer« sich ihnen plötzlich entgegenstellt und darbietet ...

Hier liegt eine wichtige **Aufgabe der Hundeschulen**. Im dort stattfindenden Gruppenunterricht muss unbedingt vermittelt werden:

- Was ist Spiel? Woran erkennt man, ob es sich bei einer Interaktion (noch) um Spiel handelt?
- Was ist Mobbing? Woran erkennt man, dass es sich bei einer Interaktion (schon) um Mobbing oder Jagdverhalten handelt?
- Ist jedes Hinterherlaufen von mehreren Hunden hinter einem Einzelhund Mobbing?

Wenn mehrere sich einig sind, hat der Einzelne manchmal nichts zu lachen.

- Wann ist ein Eingreifen nötig?
- Wann ist ein Eingreifen überhaupt noch möglich?
- Abrufen aus verschiedenen Situationen, auch aus lustbetontem Spiel!

Das Üben des Heranrufens aus verschiedensten Situationen, vor allem aber auch aus einem wirklichen, Spaß machenden und für den Vierbeiner deshalb äußerst erlebenswertem Spiel, ist wichtig.

Ebenso ist das Beobachten und korrekte Einschätzen spielender Hunde außerordentlich wichtig. Gerade im Jagdspielbereich »heizen« sich die Vierbeiner gerne derart auf, dass die Stimmung von »jetzt auf gleich« umschlagen kann.
Der Verhaltensabbruch, bevor das Spiel außer Kontrolle gerät, ist ebenfalls immer wieder zu üben. Vor allem muss der Hundehalter die Signale zu verstehen lernen, die einen Verhaltensabbruch unbedingt notwendig machen.

Das Tragen eines Maulkorbs stellt bei guter Gewöhnung keine Belastung für den Hund dar

Chance Maulkorb

Da in der Öffentlichkeit immer noch sehr viele und bisweilen auch gefährliche Vorurteile bezüglich der angeblich unzumutbaren Belastung eines Hundes durch den Maulkorb existieren, wurden in der Vergangenheit in unserer Arbeitsgruppe einige Studien zu diesem Thema angefertigt. Die ersten Ergebnisse sind nachzulesen in Elsing et al (2012) sowie Elsing und Spitzley (2015).
Hier wurden sowohl in Hundeschulen als auch in Polizeidiensthundestaffeln jeweils die Hunde in der gleichen Aktivität mit und ohne Maulkorb gefilmt und vor und nachher Speichelproben zur Bestimmung des Stresshormons Cortisol genommen.
Die wichtigsten Ergebnisse sind, dass die Hunde generell mit und ohne Maulkorb ein sehr ähnliches Verhaltensprofil zeigen. Einige Hunde zeigten sogar deutliche Anstiege des Stresshormonpegels im Verhalten ohne Maulkorb und ein Absinken des Stresshormonpegels in der gleichen Situation mit Maulkorb. Lediglich eine allgemein leicht gedämpfte Aktivität mit Maulkorb ließ sich in den

Hundeschulgruppen feststellen, jedoch war das Ausmaß des Sozialspiels und auch die Kommunikation sowohl des Hundes gegen seine Spielkumpel als auch seitens der Spielkumpel gegen den maulkorbtragenden Hund nicht signifikant unterschiedlich.
Es kommt also wahrscheinlich auf die Art des Maulkorbgewöhnens und Maulkorbtrainings an. In den genannten Studien wurden immer Hunde verwendet, die von ihren Haltern bereits an den Maulkorb gewöhnt waren, das Maulkorbtraining war hier nicht Bestandteil der Untersuchungen.

Zusammengefasst lässt sich in jedem Falle verneinen, dass das Tragen eines Maulkorbs eine unzumutbare oder schwere Belastung für den Hund wäre. Man muss aus ethischen Gründen einfach zugeben, dass bestimmte Hunde eine Gefahr für andere Lebewesen darstellen und damit nicht nur ihr unmittelbares Umfeld gefährden. Wie im Kapitel über den Sinn und Unsinn von Gefahrenhundeverordnungen noch ausführlich dargelegt wird, ist die Öffentlichkeit derzeitig so sensibilisiert, dass jeder Vorfall mit einem Hund, der aus falsch verstandener Tierliebe ohne Maulkorb ausgeführt werden konnte, wieder für Millionen anderer unschuldiger Hunde in unserer Gesellschaft unnötige Gesetzesverschärfungen bringen kann. Auch hier muss also die Freiheit des Einen dort enden, wo die Freiheit des Anderen beginnt.
Es kann nicht angehen, dass Hunde, die bereits mehrfach Beißvorfälle provoziert haben, ohne Maulkorb ausgeführt werden. Selbst wenn der eine oder andere von diesen Hunden vielleicht zu der Gruppe gehört, die durch leicht abgesenkte Rute oder hängende Öhrchen einen gewissen Stress mit dem Maulkorb signalisiert. Es geht nicht an, dass so ein Hund einen Beißvorfall provoziert und dann für Millionen anderer, unschuldiger Hunde wiederum die Verschärfungen einschlägig schwachsinniger Verordnungen begründet.

Tipps zur Maulkorbgewöhnung

Einen Hund an das Tragen eines Maulkorbs zu gewöhnen ist relativ einfach und in vielerlei Hinsicht sinnvoll. Womöglich reisen Sie mit Ihrem Fellkumpel einmal in ein Urlaubsland, was in Bahn, Bus, Seilbahn oder ähnlichen Situationen das Tragen eines Maulkorbes bei Hunden vorschreibt (kommt nicht selten vor!). Oder Ihr Hund benötigt wegen einer unangenehmen Behandlung beim Tierarzt einen Beißschutz. Oder es gibt gerade in Ihrer Gegend eine Phase von Giftködergefährdung und Sie möchten Ihren Hund vor der unbemerkten Aufnahme eines Risikofaktors vom Boden schützen! Nicht verkehrt, wenn der Hund dann das Tragen eines Maulkorbes kennt und ihm ein solcher problemlos angelegt werden kann.
Natürlich muss ein Maulkorb gut passen, darf nicht drücken oder die empfindliche Nase quetschen, sollte aber auch nicht zu groß sein und bei heftigen Kopfbewegungen von der Nase rutschen. Ob man einen Maulkorb aus Metall, aus leichtem Kunststoff oder aus Kautschuk wählt, hängt von der Verwendung, dem eigenen Geschmack und vor allem (!) der Passform ab.

Trainingsschritt 1

Der Maulkorb wird wie eine Schüssel in der Hand gehalten und mit anfangs größeren Leckereien (damit der Hund leichter und ohne zu tief in den Maulkorb schlüpfen zu müssen ans Futter kommt), dann immer kleineren Futterbrocken (damit nun die Nase immer weiter in den Maulkorb gesteckt werden muss) gefüllt. Da die Hand den Korb quasi rundum »abdichtet«, fallen die Bröckchen nicht heraus und der Hund kann sich bedienen. Diese für den Hund durchaus lustvolle Übung kann gern über 2–3 Tage bei mehrmaliger Durchführung angesetzt werden.

Trainingsschritt 2

Der Hund ist nun schon vertraut mit dem Maulkorb und in froher Erwartungshaltung, wenn er den »Topf« zu sehen bekommt. Nun wird der Maulkorb locker angelegt. Durch die Öffnungen werden Futterbrocken gereicht. Nach 3–5 Futterbrocken wird der Maulkorb dem Hund wieder abgenommen.

Trainingsschritt 3
Der Maulkorb wird nun bereits so eingestellt, wie er bei guter Passung sitzen soll. Wieder können dem Hund begleitend 2–3 Futterbrocken gegeben werden. Hat man einen bewegungsfreudigen Hund, so kann nun ein lustiges Renn- oder Rempelspiel gestartet werden, was den Vierbeiner den Maulkorb vergessen lässt. Hat man einen verschmusten Vierbeiner, können Streicheleinheiten, Wohlfühlmassagen oder entspannendes Bürsten die Tragezeit des Maulkorbs wohlig begleiten. Am Ende dieser tollen Aktionen, wird auch der Maulkorb abgenommen. Was Spaß gemacht und gutgetan hat, stand in direktem Zusammenhang mit dem Maulkorb.
Übrigens muss auch das Tragen eines Haltis langsam und sorgfältig antrainiert werden, wenn man damit sinnvoll arbeiten und es ohne hundliche Ablehnung einsetzen möchte. Die einzelnen Trainingsschritte sind recht ähnlich.

Ist der Hund gut an den Maulkorb gewöhnt, so kann man mit ihm vorerst Dinge, die ihm Spaß machen (Spaziergänge, Spiel im Freilauf, bei sozialer Verträglichkeit natürlich auch mit Artgenossen), unternehmen, bevor man unter Anleitung und Kontrolle eines Trainers das Bewältigen von Problemsituationen in Angriff nimmt.

Wichtig: Eine Nylonschlaufe ist kein Maulkorb! Diese Schlaufen sind hochgradig gesundheitsbedenklich, da sie das Maul geschlossen halten und so dem Hund das Hecheln (notwendig zum Temperaturausgleich!) unmöglich gemacht wird. Eine Gefahr des Kollabierens ist gegeben!

Aggression gegen Mensch

Im Konflikt zwischen Hund und erwachsenem Menschen gelten zunächst dieselben Richtlinien und Vorbemerkungen wie beim Artgenossenkonflikt auch. Aggressionen gegen Menschen müssen insgesamt ebenfalls in den Kontext der vorbeschriebenen Aggressionsformen betrachtet werden (Selbstschutz, Wettbewerb, Jungtierverteidigung). Menschen sind, zumindest für die bei uns in Mitteleuropa gut sozialisierten Familienhunde, eine Art Pseudoartgenossen. Die Prägung auf den Menschen als Pseudoartgenossen ist ein wesentlicher Teil der Welpenentwicklung eines kompetent aufgezogenen Junghundes und dementsprechend können wir die Mechanismen der Wettbewerbsaggression, insbesondere eben Ressourcenverteidigung, Eifersucht und anderer Partnerschutz, aber auch Wahrung der Individualdistanz und Individualsphäre durch Abbruchsignale bei der Konstellation Hund gegen Mensch in nahezu identischer Art und Weise erwarten.
Auch im Bereich des Jagdverhaltens liegen viele Ursachen für Unfälle begründet, die aber eben, wie bereits ausgeführt, nicht zu Aggression im eigentlichen Sinne gehören. Letzteres betrifft in den meisten Fällen Beutefangverhalten des Hundes, aus welchem heraus es zu Zwischenfällen kommt.

Die häufig zu hörende »plötzlich« erfolgte Aggression kommt in der Realität sehr selten vor, vielmehr erkennt der Mensch die entsprechenden Signale aus dem Kommunikationsverhalten, die Vorboten im Gesamtverhalten und die situativen Gegebenheiten nicht oder bewertet sie falsch. Häufige Folge: Beißvorfall.

Ein Unterschied zu Hund-Hund-Konflikten ergibt sich jedoch, gerade auch nach Erfahrungsberichten der meisten mit echten Problemhunden arbeitenden Trainer und Verhaltenstherapeuten, im Mensch-Hund-Bereich: Die Zahl derjenigen Hunde, die tatsächlich eine formale Dominanz über den Menschen anstreben und dementsprechend eine ranghöhere Position als der Mensch in der Familie erreichen möchten, liegt bei weit weniger als 5 %, laut den Erfahrungsberichten vieler Fachkollegen sogar unter 1 %. Dies hat mit der Funktion der formalen Dominanz zu tun. Formale Dominanz wird eben bei Hundeartigen nur durch Wahrung des Fortpflanzungsprivilegs eingesetzt, und da Hunde offensichtlich sehr wohl wissen, dass sie Hunde und keine Menschen sind, ist dieses Fortpflanzungsprivileg nicht von Bedeutung. Alle anderen Diskussionen, die in der Hund-Mensch-Beziehung auftreten, haben mehr mit situativer Dominanz oder mit dem bereits genannten Senden von Abbruchsignalen zu tun. Und da solche Abbruchsignale, wie gerade unsere eigenen Untersuchungen zeigen, in Gruppen von Haus- und Wildkaniden auch von »unten nach oben«, also nach dem Motto »Chef, hör auf, du nervst gerade gewaltig«, gesendet werden, kann hier in solchen Situationen auch nicht von einer Wettbewerbssituation im Sinne einer formalen Dominanz ausgegangen werden.
Von besonderer Bedeutung ist dies eben, genau wie im innerartlichen Wettstreit auch, dann, wenn

es um Futter geht. Gerade Szenen von Hunde- und Wolfsgruppen, die sich am Futternapf oder an der Beute heftig und lautstark streiten, werden oft als Beispiel für deren besondere Aggressivität dargestellt. Gerade das aber ist nachweislich falsch. Was dort stattfindet, ist eine sehr lebhafte Diskussion, und das zugehörige Verteilungssystem wird verhaltensbiologisch als egalitäres System bezeichnet. Kurz gesagt bedeutet das: Wer am lautesten schreit: »Ich habe Hunger!«, der bekommt auch den größten Brocken. Und dazu wird eben lautstark diskutiert, mit Knurren, Quietschen, Zähnefletschen, Lippenkräuseln etc. Ranghohe halten sich oftmals aus diesen Auseinandersetzungen sogar ganz heraus, da sie oftmals andere Dinge zu tun haben, bspw. ihre Bewachungsfunktion als Leittier in dieser Situation besonders wahrzunehmen. Sie sind daher besonders selten oder auch erst später am Futter zu finden. Nähere Ausführungen zu diesem Thema und Auswertungen einschlägiger Untersuchungen dazu siehe Warstat (2015).

Bis heute halten sich abstruse Thesen rund um angebliche (aber nicht stimmende!) Zusammenhänge von Status und Nahrungszugangsrecht

Daher ist gerade die immer noch übliche Empfehlung, dem Hund als Dominanzgeste jederzeit das Futter wegnehmen zu müssen, biologisch völlig daneben. So etwas (im Zeitalter durchgeknallter, giftstreuender Hundehasser dringend empfehlenswert) muss ganz anders, nämlich kooperativ aufgebaut werden!

Wie segensreich könnte es sein, würde bereits bei Anfängen von für den Besitzer unverständlichen Verhaltensweisen ein auf Verhalten geschulter Tierarzt, ein Verhaltensbiologe und/oder ein versierter Hundetrainer kontaktiert. Noch lässt sich das Ruder vielleicht mit kleinen Veränderungen im Umgang und mit klareren Regeln im Alltag umlegen, nachdem, am besten auch noch unter Einbeziehung von Videoaufnahmen, zunächst die Handlungsbereitschaft des betreffenden Hundes ausführlich festgestellt wurde. Auch ein erfahrener Hundehalter ist gegebenenfalls »betriebsblind« und übersieht ein wichtiges Detail, welches im Austausch mit einem kompetenten Gegenüber zu Tage tritt. Und dem hundeunerfahrenen Laien werden Zusammenhänge deutlich, wenn ihm sachkundig Unterschiede im Menschen- und im Hundeverhalten erläutert und dank einer angefertigten Videoanalyse bildlich verdeutlicht werden. Es gibt nicht nur viele Risiken und Fallstricke, sondern auch Chancen und Rettungsringe. Man muss nur aktiv werden und sich Unklarheiten eingestehen! Wenn es also zu Diskussionen und Auseinandersetzungen zwischen Hund und Mensch kommt, sollten diese mit Hilfe eines kompetenten Trainers vor Ort analysiert werden, bevor man sich dann auf eine trainerische und erzieherische Gegenmaßnahme einlässt. Wer Rat sucht, kann auch häufig Hilfe finden (wenn auch leider nicht immer ...). Obwohl Benjamin Franklin genau das Gegenteil behauptet, wenn er sagt: Wer sich raten lässt, dem ist nicht zu helfen. (Benjamin Franklin, 1706–1790, US-amerikanischer Politiker, Naturwissenschaftler, Erfinder und Schriftsteller)
Aber schließlich heißt es schon im Alten Testament: »Wer auf guten Rat hört, der ist weise.«
Die Betonung muss hier eben auf das Attribut »guten« gelegt werden!

Kind und Hund

Hundebisse bei Kindern sind häufig. Im familiären Umfeld und im eigenen Hausstand geschehen die meisten Beißvorfälle, dabei dürfte die Dunkelziffer hoch sein, denn Hundebisse im Familienkreis zeigt man ungern an.

Eine US-Studie von 2006, die mit der deutschen Situation vergleichbar sein dürfte, untersuchte die Beißvorfälle, in denen Kinder verwickelt wurden (Analysis of Dog Bites in Children. In: Pediatrics 2006,117: S.374-379). Dabei zeigte sich, dass gut 75 % der verletzten Kinder den Hund kannten. Die noch aktuellere Studie »Analysis of Pediatric Facial Dog Bites« (Henry H. Chen, Anna T. Neumeier, Brett W. Davies, Vikram D. Durairaj, Craniomaxillofac Trauma Reconstr. 2013 Dec; 6: 225–232. Published online 2013 Sep 3. doi: 10.1055/s-0033-1349211) spricht sogar von fast 90 %!
Die Studie belegte, dass die höchste Gefährdung für Kinder unter 10 Jahren besteht, 68 % der

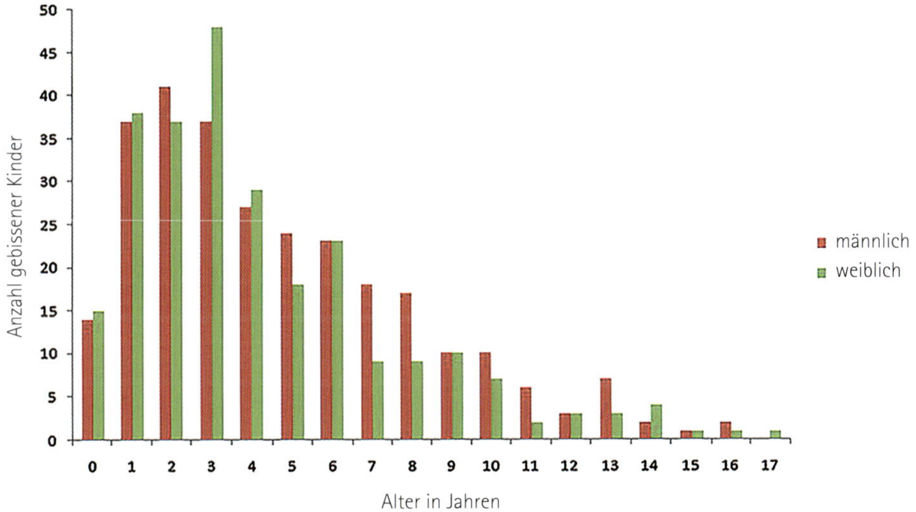

Kinder waren 5 Jahre oder jünger. Es wird auch berichtet, dass bei 50 % der nachvollziehbaren Vorfälle (Beobachtung oder Bericht) der Hund durch das Kind provoziert wurde. Die meisten Bisse gehen in das Gesicht. Die Geschlechtsverteilung lag bei 52 % Jungen, 48 % Mädchen. Nur in der Altersstufe 3–6 Jahre waren Mädchen mehr betroffen als Jungen.

Die Studie kommt zu dem Ergebnis, dass Beißvorfälle durch das zucht- und typbezogene Verhalten von Hunden beeinflusst wird, aber auch die Hundebesitzer und deren Anleitung, die Kinder und Eltern eine große Rolle spielen. Daher sollten sich Präventionsstrategien unbedingt auch auf die öffentliche Schulung von Eltern und Kindern und auf die Aus- und Weiterbildung von Hunden und deren Besitzern konzentrieren. Schulbesuche von gut sozialisierten (!) und überprüften (!) Hunden in Kooperation mit pädagogisch geschulten Menschen, können bereits in Kindergarten und Vorschule dazu beitragen, Kindern (und Eltern!) einen korrekten Umgang mit dem Hund nahezubringen und die Wichtigkeit von Grenzen und Regeln – und zwar für Hund UND Kind! – aufzuzeigen. Begrüßenswert sind auch kompetent und didaktisch korrekt aufgebaute Kind-und-Hund-Kurse in Hundeschulen.

Während erwachsene Menschen, selbst ohne große Hundeerfahrung, zumindest die wichtigsten Gesichtsausdrücke von Hunden der zugrundeliegenden Emotion zuordnen können, haben Kinder, zumindest im einstelligen Lebensalter, nach

Auch Hunde können grinsen und lachen – und zeigen dabei unter Umständen ganz schön viel Zähne! Das hat mit »Aggression« dann aber nichts zu tun.

einschlägigen Untersuchungen dort erheblich mehr Probleme. Gerade das Erkennen von negativer Emotionalität, sei es Angst, Furcht oder einfach nur das Stressgesicht, wird von Kindern oftmals falsch, manchmal sogar als positiv interpretiert. Gerade darin liegt ein großes Problem. Denn Kinder, die nicht erkennen, wann ein Hund sich unwohl fühlt oder dies sogar fälschlich als freundlich lächelndes Gesicht interpretieren, können dem Hund weiter auf die Pelle rücken, ihn nerven und bedrängen und dabei dann sich selbst gefährden.

Ironischerweise wirkt dagegen das Gegenteil im Hundegesicht, nämlich das echte Lachen, auf unerfahrene Menschen derartig abschreckend, dass es eher mit dem irren Grinsen eines Verrückten im Horrorfilm in Verbindung gebracht wird, kurz bevor er die Motorsäge auspackt.

FALL BEISPIEL

»Unser Kind kann alles mit dem Hund machen!« Sollte es aber nicht (dürfen!)!

Es ist durchaus löblich, aber leider sehr selten, dass junge Eltern einfach mal mit einem Hundetrainer Kontakt aufnehmen, um sich im Hund-Kind-Miteinander beraten zu lassen. Über viele Zusammenhänge machen Menschen sich keine Gedanken, bewerten sie falsch und interpretieren sie nach menschlichen Gesichtspunkten. Viele Unfälle könnten bestimmt vermieden werden, wenn der Mensch begreift, dass für den Hund die Anleitung des Nachwuchses Gruppenangelegenheit ist, so also nach seiner Meinung auch mit in seinen Aufgabenbereich fällt. Stattdessen agieren noch immer viele Eltern nach der Vorstellung, dass der Hund die untergeordnete Stellung automatisch und selbstauslösend zu akzeptieren hat, das Kind ihm gegenüber immer und überall weisungsberechtigt ist und sogenannte «Dominanzdemonstrationen» nach TV- oder Social-media-Anleitung dabei helfen, dass der Vierbeiner den Sachverhalt noch besser versteht. Leider (oder zum Glück?!) funktioniert das so nicht, nicht selten geht der Schuss sogar nach hinten los ...

Labbi und René waren so ein Fall, wo der frühzeitige Besuch eines Hundetrainers Stress oder Schlimmeres in der Familie zu vermeiden half. Labbi war ein drei Jahre alter Labradorrüde, René der 15 Monate alte Spross der Familie. An sich ein gutes Team, die beiden. René hatte an Labbi laufen gelernt, Labbi leistete dem Kleinen gern Gesellschaft, wenn dieser im Laufstall oder Bettchen lag. Mit zunehmender Mobilität des Kindes ergaben sich aber Situationen, in denen die Eltern sich unsicher waren, ob sie richtig reagierten. René kannte (noch) keine Regeln. Er legte sich auf Labbis Decke, rührte mit im Futternapf herum und hielt sich auch gern mal an Labbis Ohren, Nase oder Rute fest. Labbi ertrug dies zwar bislang mit gelassener Ruhe, jedoch wurde den Eltern hier der Zusammenhang von Wettbewerb und Selbstschutz erklärt und die Bedeutung von zu lernenden Regeln auch und gerade für das Kind verdeutlicht. Zum besseren Verständnis wurden Videosequenzen von diversen Situationen angefertigt, die mit Standbild und Slow Motion versehen den Eltern vorgespielt wurden. Erstaunliches kam zu Tage: René und Labbi waren im Garten, Labbi spielte mit einem Teddy, René buddelte im Sandkasten. Dann kam die Mutter dazu und forderte René auf, sich anzuschauen, was Labbi denn da habe und es sich zu holen. Dass allein das bereits eine respektlose und nicht ungefährliche Anweisung der Mutter an

Kinder verstehen die körpersprachlichen Signale eines Hundes kaum. Dieser Vierbeiner schaut nicht sehr glücklich über die Freundschaftsbekundung des kleinen Mädchens. Doch noch hält er aus. Wie lange? Und muss ein Hund wirklich alles erdulden?

das Kind ist, wurde natürlich nach Anschauen der Sequenz ausführlich erläutert! Spannender aber die Reaktion von Labbi: Er wollte weder Konflikt, noch »Streit«. Also ließ er Teddy Teddy sein als René kam und nach dem Spielzeug griff. Seine körpersprachlichen Signale zeigten aber, dass er den Verlust durchaus bedauerte, es aber akzeptierte. Labbi ging. Die Mutter aber rief Labbi zurück, schließlich sollte er ja mit René »spielen«. Labbi trottete relativ unmotiviert zurück, und die Mutter forderte René auf, den Teddy zu schmeißen. René tat dies und Labbi holte sich das Spielzeug zurück. Nun hieß es von der Mutter wieder zu René: »Hol Dir den Teddy!« René griff nach dem Teddy, Labbi nahm sich zurück und wollte ins Haus gehen, die Mutter schob ihn wieder ins Geschehen zurück auf die Terrasse. Labbi gähnte, leckte sich mehrere Male deutlich über Nase und Lefzen, schüttelte sich auffallend und setzte sich kratzend mit dem Rücken zum Geschehen ins Gras. Danach ließ er sich nicht mehr zum »Spiel« auffordern. Bei der erstbesten Gelegenheit verschwand er im Haus und versteckte sich im hintersten Winkel. Mit vielen Hundetypen hätte das Szenario sehr viel früher ganz anders ausgesehen, doch selbst einem Gemütshund kann irgendwann die nicht vorhandene Hutschnur reißen. Schuld des Hundes? Nein. Schuld des Kindes? Eigentlich auch nicht. Schuld der Eltern? Durchaus!

Gerade das Einstudieren von Abbruchsignalen gehört zu den wichtigen Aufgaben von Babysittern, sei es in Hunde- oder auch Wildkanidengruppen. Der Babysitter legt sich dafür ein Spielzeug oder ein anderes für ihn sonst völlig uninteressantes Ding zurecht und wartet, bis ein Welpe versucht, dieses zu erobern. Es erfolgt ein warnendes Knurren. Wenn dies nicht beachtet wird, gibt es eben auch eine heftige Ansage und gegebenenfalls »eins auf die Mütze«. Nur so können Welpen lernen, welche Konsequenzen es hat, wenn ein Artgenosse eindeutig signalisiert, dies aber nicht beachtet wird. Diese Probleme wiederum sind im Umgang zwischen Hund und Kind allfällig erkennbar. Menschenkinder sind eben weniger unkaputtbar als Hundewelpen und ein Schnauzgriff ist dementsprechend bei unseren Kindern sehr problematisch, beim Hunde- oder Wolfswelpen dagegen absolut ohne schädliche Folgen.

Zerrspiele »Ja« oder »Nein«?

Hundetrainer hören diese Frage immer wieder. Oder Besitzer berichten stolz, dass ihr Hund ihnen etwas zum Zerren und Ziehen bringt, sie dieses dann auch mit dem Vierbeiner tun, dann aber das Herbeigebrachte für sich beanspruchen, damit sie mit ihrem Hund kein »Dominanzproblem« bekommen. Schließlich sagt ja »jeder«, dass der Hund nie gewinnen darf! Keine Ahnung, wer Herr oder Frau Jeder sind, Fakt ist aber, dass er, sie oder beide irren! Wenn der Hund im Spiel mit dem Menschen nie gewinnen kann/darf, wird er bald an diesem Spielpartner kein Interesse mehr haben. Warum auch. Wem gefällt es, ständig zu verlieren? Und wenn der Hund nur die Erfahrung macht, dass er alles hergeben muss bzw. ihm alles abgenommen wird, was er dem Menschen bringt, so wird er seine sozial-spendable Art einstellen und mit wachsamen Augen darüber wachen, dass ihm kein Mensch zu nahe kommt, wenn er etwas erbeutet hat. So können sogar durchaus die Grundsteine für Wettbewerbsaggression gelegt werden!
Umso bedauerlicher sind diese gut gemeinten, aber falsch interpretierten Ratschläge, wenn man berücksichtigt, dass die Entscheidung, einen Hund im Spiel auch mal gewinnen zu lassen, nachweislich überhaupt nichts an dessen Verhalten gegenüber dem Menschen ändert. Die Befürchtung, der Hund würde dadurch dominant, ist ebenso unbegründet wie der Glaube, in einem stabilen Hunde- oder Wolfsverband müsse doch auch immer der Dominante solche Entscheidungen für sich beanspruchen.

Leider werden immer noch Hunde auf einen besonders ausgeprägten »Beutetrieb« gezüchtet und/oder trainiert, um für den sogenannten »Hundesport« gut vorbereitet zu sein. (Übrigens: Die Bereitschaft, Beute zu verteidigen, ist Wettbewerbsaggression und hat mit Trieb im eigentlichen Sinne nichts zu tun!) Den Hundehalter, der einen Haus- und Familienhund sucht, stellen diese Vierbeiner nicht selten vor große Probleme, da sie ihre Fähigkeiten leider nun auch im Alltag zeigen.

Die gestellte Frage »Zerrspiele 'Ja' oder 'Nein'« lässt sich nicht pauschal mit »Ja« oder »Nein« beantworten. Hat man z. B. einen Vierbeiner, der sein Bällchen, Zottelseil oder Stöckchen nicht gerne wieder hergibt, so heißt das nicht automatisch: Zerrspiele > Nein! Ein Hund sollte – wenn möglich von klein auf – lernen, dass das Abgeben von Beute für ihn von Vorteil ist. Das Zauberwort heißt »Tauschhandel«. Das Tauschobjekt jedoch muss von hoher Wertigkeit sein, damit es sich für den Fellkumpan auch lohnt, seine Beute abzugeben und dagegen einzutauschen. Beim Tauschen wird dann das Kommando gegeben, welches zukünftig für den Vierbeiner das Signal darstellen soll, seinen Schatz herzugeben. Häufig ist es einfacher, dem Hund das Fallenlassen von im Maul befindlichen Dingen beizubringen, statt Dinge aus dem Maul herauszunehmen (Mundraub!). Um zu vermeiden, dass der Vierbeiner in einen zu hohen Erregungszustand kommt, sodass er gar nicht mehr in der Lage ist, etwas herzugeben, wird jegliches Beutespiel frühzeitig mit einem lohnenswerten Tausch beendet.

Zerrspiel – ja oder nein? Für die Beiden keine Frage: Unbedingt!

Natürlich gibt es auch Hunde, für die ein Zerrspiel nicht sinnvoll erscheint. Das sind z. B. solche, bei denen Erziehungsmaßnahmen nicht fruchten und die ohnehin von der Persönlichkeit eher dazu neigen, den Menschen in Bezug auf Ressourcen immer und immer wieder in Frage zu stellen.

Was sind »Privilegien«?

Um den Begriff der Privilegien richtig einzuordnen, bedarf es eines kleinen Blicks auf das derzeit wichtigste, in der Tierschutzdiskussion angewendete Konzept notwendiger Lebensumstände: Das Bedarfsdeckungs- und Schadenvermeidungskonzept fordert, dass einem Tier ständig und ohne Einschränkung diejenigen Situationen zur Verfügung stehen müssen, die es zur Regelung seines inneren und äußeren Gleichgewichts, also der bereits besprochenen Allostase, benötigt. Und dazu gehören eben einerseits die Deckung von physiologischen Bedarfslagen, also Nahrung und Wasser, aber auch ethologische Bedarfslagen, wie etwa der Bedarf nach Schutz, Sicherheit und einer Rückzugsstruktur oder der Bedarf nach arttypischem Sozialkontakt.

Beispiele:

Selbstverständlich kann einem Hund, der bspw. beim Training oder der Ausbildung nicht optimal kooperiert, das Leckerli verweigert werden, sofern sein physiologischer Grundbedarf an Nährstoffen und Energie durch die Fütterung abgedeckt wird.

Selbstverständlich muss ein Hund nicht nachts im Bett seines Menschen schlafen, wenn dieser dies aus verschiedenen Gründen nicht möchte. Da jedoch Hunde, die gerade in der nächtlichen Ruhephase vom Sozialkontakt mit ihren Artgenossen oder auch dem Menschen als Pseudoartgenossen ausgeschlossen werden, nachweislich schlecht schlafen und einen erhöhten Stresspegel aufweisen, ist das Verbannen – gerade des jungen oder erst kurz in der Familie lebenden Hundes – aus dem Schlafzimmer, auch als erzieherische Maßnahme, abzulehnen. Man kann dem Hund ein Körbchen oder eine Decke neben dem Bett anbieten, ggf. auch eine offene Hundebox dort aufstellen, aber ihn aus dem Schlafzimmer zu verbannen bedeutet, ihn gerade in der Zeit dem Feind zum Fraß vorzuwerfen, in der dieser höchstwahrscheinlich am aktivsten sein dürfte. Hierzu zeigen eben auch die Beobachtungen an Wildhundegruppen, wie wichtig das gemeinsame Schlafen abends ist. Alle Rudelmitglieder treffen sich in der Regel wieder am gemeinsamen Schlafplatz, um diese gemeinsame Feindvermeidung zu erreichen.

Wenn also Privilegien gestrichen werden, dann muss es sich dabei um »Sahnehäubchen« handeln, ohne die der Hund aber trotzdem seinen biologischen Bedarf sowohl im ethologischen wie im physiologischen-biochemischen Sinne trotzdem decken kann. Auch der Mensch kann ohne ein Stück Sahnetorte existieren, wenn ihm regelmäßig die zustehenden täglichen 2200 kcal biologisch ausgewogener Nahrung pro Tag zur Verfügung stehen. Auch der Mensch kann ohne Spieleabende und andere ausgelassene gemeinsame Tätigkeiten mit Freunden und Familie existieren, wenn er regelmäßig am Frühstücks- oder Abendbrottisch oder mittags in der Kantine ein gerütteltes Maß an Sozialkontakten hat. Es muss also abgegrenzt werden, was zur Deckung des biologischen, physiologischen und sozialen Grundbedarfs zählt und notwendig ist und was streichungsfähige Privilegien sind. Sonst verstößt die Streichung von sogenannten Privilegien, die eben den Grundbedarf des Hundes betreffen, eindeutig gegen den in der Einleitung besprochenen Gewaltbegriff.

Das bedeutet aber im Umkehrschluss nun nicht, dass z. B. Futter grundsätzlich rund um die Uhr zur freien Verfügung parat stehen muss und leere Schüsseln umgehend neu zu befüllen sind! Manch ein Hundetyp wäre zwar begeistert, gleichzeitig aber vermutlich nach kurzer Zeit geplatzt. Auch wir Menschen – samt unserer Kinder – müssen uns im Tagesablauf an mehr oder weniger regelmäßige »Mahl-Zeiten« gewöhnen. (Schulkinder essen in Pausen. Die meisten Handwerker und sonstigen Angestellten kennen den 12-Uhr-Gong für die Mittagspause, der auch am Wochenende den Magen zu diesem Zeitpunkt knurren lässt. Konditionierung lässt grüßen!)

Auch für den Hund kann es ausreichend beruhigend sein zu wissen, dass in regelmäßigen, nicht zu langwährenden Zeitabständen Futter gereicht wird und zwischendurch auch immer mal wieder ein Leckerchen zu ergattern ist. Deshalb sind starr festgesetzte Fütterungszeiten nur bei Senioren und ADHS-Patienten oder bei einigen anderen (wenigen!) Erkrankungen (z. B. wegen notwendiger, zeitlich korrekter Medikamentengabe) einzuhalten. Bei den Anderen sind sie ein Risikofaktor für die Entstehung von Verhaltensstörungen. Deshalb gibt es auch in vielen Zoos keine festen Futterzeiten mehr. Nur die Sicherheit, **dass** regelmäßig Futter kommt, ist wichtig.

Weiter ist auch die Sicherheit in Form von Ruhe und einem Ungestörtsein bei der Nahrungsaufnahme wichtig. Wo der Ort der Fütterung ist, bleibt den jeweiligen Gegebenheiten und dem menschlichen Gestaltungs- und Einrichtungsgeschmack überlassen – mit oder ohne Berücksichtigung von Feng-Shui und Sonneneinstrahlungswinkel. Dass der Hund aber ungestört sein muss, das gehört eben zum Grundbedarf an Sicherheit. Und damit wird auch die Abstrusität des sich hartnäckig haltenden Arguments deutlich, dass nämlich der Mensch zwischendurch im Futter herumgrapschen soll, wenn der Hund frisst, damit er dadurch die »Dominanz« des Menschen erlebt und zu akzeptieren lernt. Oder der ebenfalls zu hörende Ratschlag, man solle dem fressenden Hund einfach mal die Futterschüssel während des Fressens wegnehmen und wiedergeben. Das würde Achtung und Respekt verschaffen. Es lebe das Ammenmärchen! Man lade jeden Verfechter derartiger Thesen ein, selber bei einem leckeren Mahl diese Vorgehensweise beim Nachbarn auszuprobieren. Ihm werden nicht Respekt und Achtung entgegengebracht werden, sondern im günstigen Fall böse Worte, im ungünstigen vielleicht auch die Faust. Und schon kommt es zu Aggressionsverhalten – aber nicht unerklärlich und auch nicht unangemessen, oder?! (Siehe auch Seite 49)

Auch beim Hund können die Reaktionen je nach Individualität völlig unterschiedlich ausfallen. Den einen Hund lässt es kalt, der andere gerät in Stress und beginnt ungesund und hektisch zu verschlingen, was er verschlingen kann, bevor wieder eine Störung und ein vermeintlicher Verlust kommen. Wieder ein anderer Hund zeigt deutlich und unter Einsatz von Lautäußerungen und Zähnen, was er von diesen Maßnahmen hält. Erziehungsmaßnahmen (wobei dies eben nicht einmal welche sind) lassen sich definitiv sinnvoller aufbauen, als solche Verhaltensweisen zu provozieren und dann letztlich ratlos oder überreagierend dem hundlichen »Mit mir nicht!« gegenüberzustehen.

»Besitzrespektierung« bringen Mütter und Kindermädchen schon den Welpen bei, indem sie sich selbst etwas Interessantes vor die Füße legen und darauf warten, dass ein Welpe sich das einmal näher anschauen möchte (siehe auch Seite 45). Die hier erfolgenden Lektionen lernt ein Welpe schnell und zuverlässig! Und ohne Schaden dabei zu nehmen.

Meins! – Besitzrespektierung oder Wettbewerbsstreit?

Die pauschale Angst vor der Entstehung von Aggression aus Futterverteidigungsabsicht bei gefüllter, im Raum stehender Schüssel, ist in der Regel – aber nicht immer! – unbegründet. Natürlich gibt es sie und sie kommt durchaus vor, aber eben nicht grundsätzlich. Futteraggression entsteht unter Cortisol, also unter Stress. Daher tritt sie zumindest bei Hunden aus schwieriger Herkunft unter Futtermangel und Unsicherheit verstärkt auf. Meist erstreckt sich die Verteidigungsbereitschaft dann aber auch auf weitere Ressourcen: Spielzeug, Kauartikel, Decke oder Korb und evtl. auch die Nähe zum Sozialpartner. Die Einschaltung einer kompetenten Person und der Aufbau eines gezielten, individuellen Trainings sind anzuraten. Bei reibungslos verlaufender Mensch-Hund-Beziehung stellt das Einräumen von Privilegien in der Regel kein Problem dar. Gibt es aber Probleme, so muss die grundsätzliche Mensch-Hund-Beziehung genau »unter die Lupe« genommen werden, eventuell unter Zuhilfenahme eines versierten Hundetrainers, der Missstände aufzudecken und auszumerzen hilft.

Besonderes Augenmerk muss der Hundebesitzer auf seinen Umgang mit Privilegien in der Welpen- und Junghundezeit und bei Übernahme eines Tierschutzhundes in den ersten Tagen und Wochen richten. An Annehmlichkeiten gewöhnt man sich schnell, auch als Hund. Diese dann später wieder aufgeben zu müssen, fällt nicht leicht und geschieht selten freiwillig. Kommt dann in der Pubertät zusätzlich noch die phasentypische Renitenz und Diskussionsfreude dazu, stehen unter Umständen stürmische Zeiten ins Haus.

FALL BEISPIEL

Max

Aufgrund einer Anzeige wegen gefahrdrohenden Verhaltens mit Beißangriff musste Herr B. seinen vierjährigen Hütehund Max auf ordnungsbehördliche Anweisung hin einer Verhaltensüberprüfung unterziehen lassen. Laut Angabe des Besitzers war er mit Max zum Vormittagsspaziergang mit Spieleinlage zur nahegelegenen Wiese unterwegs. Er ging auf dem Bürgersteig, Max angeleint bei Fuß links neben ihm. Von vorne kam ihnen eine ältere Dame entgegen, die nicht ganz sicher und relativ langsam ihres Weges ging. Als die Dame auf ihrer Höhe war, schwankte sie etwas in Richtung Max, der daraufhin bellend und schnappend gegen die Dame vorstieß. Die Tatsache, dass er an der Leine war und die Frau just im gleichen Augenblick ihren Schritt wieder zur anderen Seite setzte, sodass etwas Abstand entstand, verhinderte einen Beißvorfall. Einen großen Schreck gab es aber für alle Beteiligten. Herr B. sah die alleinige Schuld bei der Dame, die seiner Meinung nach einfach zu dicht an ihnen vorbeigehen wollte. Das tat er dann offenbar auch etwas lautstärker kund. Die Frau jedoch wollte sich das nicht bieten lassen und erstattete Anzeige gegen den Hundehalter.

Max zeigte sich in der Verhaltensüberprüfung als nicht gerade sicherer Vertreter seiner Art. Direkten Kontakt versuchte er zu meiden, am liebsten versteckte er sich hinter Herrn B., von wo aus er aber beim Näherkommen der Fremdperson leise grollte und diese fixierte. Herr B. war der Meinung, dass Max dieses Verhalten zeigen würde, weil er ihn, seinen Menschen, beschützen wolle. Hütehunde seien ja sehr sensibel, wollten immer alles beieinander halten und vor Fremden abschirmen. Außerdem habe Max eine ganz tolle Bindung an ihn, seinen Herrn, was sich darin zeigen würde, dass er nie von seiner linken Seite weichen würde. Herr B. war völlig überzeugt von seiner Meinung und vorerst nicht bereit, die Ausführungen zu Körpersprache und -haltung seines Hundes und die Erklärungen zur Einstufung von Max in die Kategorie der eher unsicheren Hunde zu verstehen. Es gab ein paar weitere kleine Testaufbauten, die Max mit unbekannten Situationen und Objekten konfrontierten. Dabei zeigte sich, dass er nach Möglichkeit größere Distanzen wählte, aus diesen heraus aber durchaus bellte, knurrte und Scheinattacken startete. Auffallend dabei war, dass er immer wieder an die linke Seite seines Herrn heranging, dies aber offensichtlich weniger aus einer erfolgten Erziehungsstrategie heraus,

Hütehunde sind aktive Hunde, die leicht in Abwehr- und Suchtverhaltensweisen verfallen.

vielmehr ging er an die linke Seite und stupste dort kurz gegen Oberschenkel/Hüftregion von Herrn B. Ein Gedanke verdichtete sich: Was hatte Herr B. womöglich in der linken Hosentasche? Gefragt, erfahren! Immer etwas Futter und für besondere Anlässe einen Ball. Und die Reaktion auf den Ball war enorm! Sobald Max den Ball sah, jodelte er in den höchsten Tönen, tanzte und hampelte herum, bis der Ball flog und er hinterherjagen konnte. Dann wurde der Ball geholt, zurückgebracht, Herrn B. vor die Füße geschmissen und Max bellte solange in den schrillsten Tönen, bis der Ball wieder flog. Nach Aussage von Herrn B. hielt Max das locker eine Stunde durch. Machte die Fremdperson einen Schritt auf den Ball zu, erstarrte Max augenblicklich, knurrte in den tiefsten Tönen und fletschte die Zähne, den Ball fixierend und die Fremdperson nur aus den Augenwinkeln anschielend. Hatte die Fremdperson aber den Ball oder ein alternatives Spielobjekt in der Hand und täuschte vor, dieses zu schmeißen, so erfolgte das Jodeln und Jiffen von Max in deren Richtung ohne Knurren oder Attacken.

Die gesamten Vorgänge wurden videografiert. Langsam aber sicher begann Herr B. Zusammenhänge zu begreifen. Er verstand, dass Max ihm nicht »treu ergeben« und »gut gebunden« folgte, sondern dass seine linke Seite einen unwiderstehlichen Reiz aufgrund von Futter und dem Ball in der Tasche auslöste! Hier gab es mehrere Baustellen gleichzeitig, doch Herr B. war lernwillig und -fähig und Max ebenfalls. Beide profitierten von einem individuell angepassten Einzel- und Gruppentraining und wuchsen zu einem echten Team zusammen.

Die Hundebox

Es gibt immer wieder Situationen, in denen eine Box und ein an die Box gewöhnter Hund eine segensreiche Kombination sind. Sei es im Auto, im Hotel oder in der Ferienwohnung oder zur kurzen zeitweisen Unterbringung im eigenen Heim, der Hund hat in der Box seine eigenen, vertrauten Wände um sich. Boxen gibt es für jeden Geschmack und passend zum gewünschten Einsatz in Kunststoff, Alu, Drahtgitter oder Textil. Für welche Variante man sich entscheidet, hängt vom Hund, vom beabsichtigten Einsatz und vom eigenen Geschmack ab. Eines ist aber wichtig: Die Box sollte groß genug sein! Gerade für Trainingszwecke und zur zeitweisen Unterbringung muss sie deutlich größer sein als z. B. eine Transportbox, in welcher der Hund einfach nur im Auto befördert wird, wobei natürlich auch diese hier der Größe des Hundes angepasst sein muss. Wichtig ist auch die positive Gewöhnung an die Box, denn der Hund soll sich nicht weggesperrt fühlen oder einen »Boxenkoller« bekommen.

Erwähnt werden muss auch, dass **leider** nach derzeitig gängiger Rechtsauffassung der Tierschutzbehörden der Aufenthalt eines Hundes in einer geschlossenen Box nur unter drei eng begrenzten Bedingungen erlaubt ist:

- zum Transport,
- aus tierärztlicher Sicht zur Behandlung bzw. Nachsorge, bspw. nach Operationen,
- im Zusammenhang mit genehmigten Versuchstiervorhaben.

Einen Hund in einer Hundebox mit verschlossener Tür zu halten, ist streng genommen schon dann strafbar, wenn man das Auto auf dem Parkplatz stehen lässt, um einkaufen zu gehen. Ebenso gilt dies eben für die Haltung von Hunden in verschlossenen Boxen in Wohnungen. Ob dies nicht manchmal sinnvoll wäre, sei dahingestellt – der Gesetzgeber in seiner »besonderen Sachkenntnis« hat nun einmal anders entschieden. Die Tierschutzhundehaltungsverordnung gilt für alle Räume, die nicht auch dem Aufenthalt von Menschen zugedacht sind. Und dann muss eben der Raum des Hundes je nach Größe des Hundes mehrere Quadratmeter umfassen.

TRAININGSSCHRITT 1

Tipps zur Boxengewöhnung

Nachfolgende Trainingsschritte verhelfen zur positiven Gestimmtheit in Bezug auf das Verweilen in einer Box, sind aber genauso gültig und praktikabel, wenn es darum geht, dem Hund einen abgesteckten und gesicherten Bereich im Haus (z. B. eine Art »Laufstall« zum Aufenthalt in Zimmerecken, Erkern oder unter Treppen) als angenehm zu vermitteln. Box oder Aufenthaltsort sollten hell, trocken, frei von Zugluft und in ruhiger Umgebung ohne Durchgangsverkehr platziert und wohnlich mit Decke oder Liegekissen eingerichtet sein. Zur besseren Sichtbarkeit haben wir im Freien fotografiert, das erfolgte aber nur aus fototechnischen Gründen.

Trainingsschritt 1
Die Box steht am vorgesehenen Ort, alle verfügbaren Türen stehen offen und sind vor selbständigem Verschließen oder Klappern gesichert. In die Box werden Futterbrocken geworfen, die der Hund sich herausholen darf. Hat der Hund Scheu, die Box zu betreten, lässt man sie einfach einige Tage offen im Wohnbereich stehen und legt etwas besonders Interessantes (Pansenstange, Knochen, Spielzeug) hinein. Vorerst sollte auf Locken verzichtet werden, das natürliche Explorationsverhalten und die Neugierde des Hundes sind hilfreicher. Traut er sich nicht ran, so kann man zuerst die Verlockungen näher an den Rand legen und sich langsam (!) weiter ins Boxeninnere voranarbeiten. Und immer sind die Türen offen! Bei manchen Hunden klappt das gut und schnell, bei anderen kann das etwas dauern. Nur Geduld und Ruhe!

TRAININGSSCHRITT 1

TRAININGSSCHRITT 1

TRAININGSSCHRITT 1

Trainingsschritt 2
Geht der Hund bereitwillig und ohne Scheu in die Box, wird die Box benannt. Beim Aussprechen des Wortes »Box« wird Futter hineingelegt, welches der Hund sich herausholen darf. Hat die Box zwei Türen, so kann ab jetzt auch eine Türe bereits geschlossen werden.

Trainingsschritt 3
Hat der Hund den Trainingsschritt 2 gut gemeistert und verinnerlicht, so kann er nun bereits mit dem Wort »Box« in die Box geschickt werden. Dort erhält er dann die Belohnung. Die hier abgebildete Drahtgitterbox wäre für den Gebrauch mit diesem Hund zu klein!

Trainingsschritt 4
Der Hund wird mit »Box« in die Box geschickt, wo Futterbrocken verstreut liegen, die er sich suchen kann (evtl. auch unter den Deckenrand, um es spannender und schwieriger zu gestalten). Alternativ wird ihm etwas gegeben, mit dem er länger beschäftigt ist (gefüllter Kong, Stuff-A-Ball, ein Stück Ochsenziemer o. Ä.). Nun wird die Türe verschlossen. Jetzt ist es wichtig, den guten Zeitpunkt zum Öffnen der Tür abzupassen. Das darf auf keinen Fall passieren, wenn der Hund protestiert oder um Aufmerksamkeit buhlt. Vielleicht liegt der Hund sogar nach der Beschäftigung noch ruhig und entspannt auf seiner Decke, dann kann wie nebenbei und ohne großes Aufheben zu machen, einfach die Tür geöffnet werden. Ein großes Belohnungsszenario ist nicht nötig, denn der Hund hat ja nicht in der Box verweilt, was zu belohnen wäre, sondern er hatte in der Box zu tun, was ihn letztlich dadurch bestätigt hat.

Klappt auch Schritt 4 gut, können die Attraktivität und die Menge der Dinge in der Box abgebaut und die Verweildauer langsam erhöht werden. Wasser sollte aber auch in der Box immer bereitstehen! Lassen Sie die Box stets offenstehen. Halten Sie ab und zu etwas Tolles darin als Überraschung für den Hund parat. So geht der Hund auch zwischendurch immer einmal gern hinein und schaut, ob es etwas zu entdecken gibt!

Aggression und Frustration

Im Umgang mit dem Vierbeiner hört man immer wieder mal den Begriff »Frustrationstoleranz«. Was hat er mit dem Thema Aggression zu tun? Ein Hund, der eine geringe Frustrationstoleranz hat, ist natürlich auch schneller bereit, Aggressionsverhalten zu zeigen. Doch Frustration ist genauso wie Stress ein unbeliebtes Schlagwort geworden, beides soll ein Hund nach Möglichkeit nicht erfahren müssen. Warum nicht? Es ist durchaus normal, dass Lebewesen frustrierende Situationen erleben und durchleben müssen, auch Hunde. Wie Kinder, die ihren Willen nicht bekommen, extrem »ungemütlich« und nervtötend reagieren können, so vermögen auch Hunde unwirsch bis aggressiv zu reagieren, wenn ihnen etwas gegen den sprichwörtlichen Strich geht. Deshalb sind Trainingseinheiten zur Erhöhung der Frustrationstoleranz sinnvoll und notwendig. Gängig ist das Üben einer Ruheposition (Sitz oder Platz), bevor die Futterschüssel auf den Boden gestellt und für den Hund freigegeben wird. Dieses Ruhebewahren wird noch von den meisten Hundebesitzern konsequent eingefordert, weil es einfach nervt, wenn der futterbegeisterte Hund zwischen den Beinen wuselt und gegen Hände und Arme springt, wenn man mit der Futterschüssel hantiert. Doch schon beim Ball- und Stöckchenwurf vergessen die meisten Menschen, sich über Zusammenhänge und Abläufe Gedanken zu machen. Und gerade dabei sollte der Hund lernen, sich selbst zuerst zurücknehmen zu müssen und nicht gleich losstürmen zu dürfen, wenn etwas fliegt!

So lernt der Hund auch, nicht gleich jedem Schmetterling, Jogger oder Radfahrer hinterherzustürmen. Und auch auf Spaziergängen kann der Mensch einfach mal stehenbleiben, den Hund nicht beachten, stattdessen den Wolkenzug beobachten und innehalten. Das Fragezeichen über dem Hundekopf ist fast bildlich zu sehen, doch auch so lernt der Vierbeiner, zwischendurch etwas Ruhe zu halten.

Aggression gegen sich selbst (Autoaggression)

Das Thema der Autoaggression soll hier nur kurz mit erwähnt werden, da auch dieses als zum Aggressionsverhalten zugehörig zu zählen ist. Doch handelt es sich hierbei um eine echte Verhaltensstörung, um eine ernstzunehmende Erkrankung, die in die Hände eines mit Verhaltenstherapie vertrauten Tierarztes gehört! Ursache für die meisten Autoaggressionsfälle ist u.a. ein stark angestrengtes Cortisolsystem. Die Gründe, warum das Cortisolsystem derart empfindlich und angeregt ist, sind mannigfaltig: traumatische Erlebnisse, schwere Erkrankungen (vornehmlich in der frühen Jugend), Narkoseschäden, permanente Überforderung, die zu anhaltendem Stress führt …

Verhaltensauffälligkeiten, die sich beschädigend (im weitesten Sinne) gegen den eigenen Körper richten, sind gründlich zu analysieren und abgrenzend zu unterscheiden. Handelt es sich um ein ausgiebiges, anhaltendes Belecken, was keine medizinische Ursache (Milben, Allergie usw.) hat,

Stress, Frust, Unsicherheit – alles Risiken für Aggressionsverhalten.

haben wir es womöglich mit einer Stereotypie bzw. Zwangshandlung zu tun. Hierbei wird über Berührungsreize das Oxytocinsystem angeregt, welches bekanntlich als »Stressbremse« wirkt. Stereotypien haben immer eine Vorgeschichte, die lang vor dem Auftreten der gezeigten Handlung ihren Ursprung hat. Ein Tier, das eine Stereotypie zeigt, leidet nicht unbedingt akut. Irgendwann in seinem Leben kann es eine Situation/Phase gegeben haben, in welcher ihm das Belecken Erleichterung verschafft hat. So wird diese »Strategie« als »schlechte Angewohnheit« mit weitergeführt. Leckstörungen können zu ernsthaften Erkrankungen führen, da sich womöglich in der Folge Ekzeme und weitere Verletzungen einstellen, die umso schwerer zu behandeln sind, da der Hund die bevorzugten Stellen immer wieder strapaziert.

Beißt der Hund am eigenen Körper gleich zu, handelt es sich um Autoaggression. Die Ursache für diese Verhaltensauffälligkeiten wird von verhaltensbiologischer Seite her aber in allen Fällen als relativ gleich angesehen. Bei schweren Autoaggressionsfällen lassen sich meist nur die Symptome mildern, nicht aber die Ursachen beheben. Wie ein Alkoholiker Zeit seines Lebens an Alkoholismus erkrankt ist, selbst wenn er die »trockene« Zeit erreicht hat, so ist auch ein autoaggressiver Hund unheilbar erkrankt. Mildere Fälle, die sich z. B. »nur« im Beknabbern von Pfoten oder speziellen, gut erreichbaren Hautstellen äußern, deuten oftmals auf stressbedingte Reaktionen hin, die nach genauer Analyse durch den verhaltenstherapeutischen Tierarzt noch therapierbar sind. Autoaggression lässt sich aber nicht wegtrainieren und/oder umerziehen.

Wiederholte, zwanghafte Verhaltensweisen, seien sie Leckstörungen oder echte Stereotypien wie etwa Schwanzjagen, können aber auch eine Reihe von medizinischen Ursachen haben. Verletzungen, Missbildungen im Bereich der Wirbelsäule, neurologische Erkrankungen und viele andere können hierfür verantwortlich sein. Daher muss zur Abklärung der Ursachen auf jeden Fall eine komplette veterinärmedizinische, speziell auch neurologische und orthopädische Untersuchung erfolgen.
Ebenso können die genannten Störungen eine genetische Grundlage haben, wie zumindest für einige Rassen (z. B. Dobermann, Bullterrier, Deutscher Schäferhund) bereits in einschlägigen Untersuchungen belegt oder zumindest nahegelegt wurde.
Aus diesem Grunde sollte auch die Verwandtschaft des befallenen Hundes, soweit bekannt, auf einschlägige Symptome abgefragt werden.

In jedem Falle gehören diese Phänomene in die Hand eines kompetenten Spezialisten, da meist nur in einer Kombination aus Verhaltenstherapie, Medikamentenanwendung und medizinischer Allgemeinuntersuchung zu einer Problemlösung gefunden werden kann. Weiter gehört außerdem sehr viel Geduld dazu – die durchschnittliche Behandlungsdauer beläuft sich unter Einsatz von Psychopharmaka auf mindestens 14 Monate.

ALLHEILMITTEL KASTRATION?

Gerade im Zusammenhang mit der Aggressionskontrolle wird sehr häufig und unreflektiert die Kastration als Problemlösung empfohlen. Hier zeigen jedoch sowohl veröffentlichte Untersuchungen anderer Arbeitsgruppen als auch unsere eigenen Ergebnisse und die Erfahrungen vieler Hundetrainer deutlich anderes.
Bei Rüden, bei denen die Kastration oftmals aus Verhaltensgründen erfolgt (vgl. Niepel, 2007, Strodtbeck und Gansloßer, 2011), zeigen die Untersuchungen geradezu das Gegenteil. An den neueren Ergebnissen unserer eigenen Arbeitsgruppe (Kaufmann et al, 2017) wie auch an den Daten von Zink und Farhoodi (2013) lässt sich eine Zunahme des Aggressionsverhaltens erkennen. Dasselbe gilt auch für die Ängstlichkeit bei kastrierten Hunden, sowohl bei Rüden als auch bei Hündinnen.

Ebenso ist die oftmals geäußerte Hoffnung auf einen entspannteren und sozial verträglicheren Hund beim Spaziergang, wie sie gerade in den Umfragen von Niepel angegeben wurde, nicht haltbar. Die Ergebnisse zeigen, dass kastrierte Rüden oftmals weniger gesellig sind, mehr Probleme mit anderen Hunden haben und oft auch aggressiver auftreten.

Der meist erwartete Zusammenhang zwischen Kastration und Aggressionsdämpfung beruht eben auf der Fehlannahme, dass auch beim Hund (wie dies unbestreitbar zum Beispiel bei unseren anderen Haus- und Heimtieren der Fall ist) die Aggression überwiegend aus der sexuellen Konkurrenzsituation heraus entsteht. Das ganz anders strukturierte Sozialsystem der Hundeartigen aber steht dem entgegen. Rüden sind nur dann aus sexueller Konkurrenzsituationen heraus aggressiv, wenn ihre bevorzugte Lieblingshündin im Zustand der Läufigkeit von einem anderen Konkurrenten »angebaggert« wird. Hündinnen sind in diesem Zeitraum rund um die Läufigkeit statusaggressiv, das heißt, sie verhalten sich unfreundlich gegenüber potenziellen Rivalinnen sowie auch gegenüber unerwünschten, beispielsweise schwachen oder rangtiefen, Rüden.

Für den gesamten Rest des Jahres dagegen wird die Aggression bei Hundeartigen eben kaum von den Sexualhormonen gesteuert. Selbst die Territorialität ist eben nicht primär sexuell motiviert, da die Territorien der Hundeartigen weniger als Balz-, sondern vielmehr als Nahrungsterritorien wirken, die ganzjährig von der gesamten Gruppe verteidigt werden.
Der Sonderfall der so genannten Dominanz- oder Statusaggression, der heute in der wissenschaftlichen Literatur als Affekt- oder Impulskontrollaggression bezeichnet wird, weil er etwas mit mangelnder Selbstbeherrschung zu tun hat,

Das Auto gilt als »rollendes Territorium« und wird häufig sehr vehement verteidigt.

wurde im einleitenden Kapitel bereits im Zusammenhang mit dem Serotonin besprochen.

Bevor also ein Hund wegen angeblicher Aggressionsbereitschaft kastriert wird, sollte eine umfassende Verhaltensanalyse stattfinden. Da auch aus vielen Studien bekannt ist, dass die Persönlichkeit eines Hundes frühestens im Alter von 18 bis 20 Monaten zuverlässig beurteilbar ist, sollte auch dieses Alter abgewartet werden. Bei Hündinnen ergibt sich ja durch Erfahrungsberichte vieler Züchter und auch Halter, dass sie ohnehin frühestens erst nach der dritten Läufigkeit als einigermaßen erwachsen gelten können. Manche Rassen brauchen sogar noch länger. Deshalb sollten auch Hündinnen erst mindestens drei Läufigkeiten mit allen Folgeerscheinungen durchlaufen, bevor man aus Verhaltensgründen an die Kastration denkt.

Betont werden sollte am Rande hier auch, dass eine Kastration zum Zwecke der Fortpflanzungskontrolle oder auch zur Vermeidung von noch nicht aufgetretenen oder angedeuteten Krankheiten, nach unserem Tierschutzgesetz nicht erlaubt ist. Alle einschlägigen Gesetzeskommentare sind sich auch darüber einig, dass die Fortpflanzungskontrolle bei Hunden in unserer Situation (es gibt in Deutschland keine streunenden Straßenhunde) mit weniger invasiven Mitteln stattfinden muss. Nur für die Freigängerkatzen wird die Kastration als Fortpflanzungskontrolle im Allgemeinen akzeptiert.
Da sich mittlerweile die Berichte, auch auf der Basis sehr großer Patientenzahlen, über medizinische Folgerisiken der Kastration immer mehr und vor allem aus den unterschiedlichsten Fachrichtungen (Immunologie, Krebsentstehung, Bewegungsapparat, Demenzrisiko ...) häufen, sollte diese Entscheidung viel bedachter und viel mehr am Einzelfall orientiert stattfinden. Eine pauschale Kastrationsempfehlung, wie sie leider immer noch in vielen Tierarztpraxen und auch Hundeschulen oder gar auch Hundepensionen üblich ist, ist nicht nur gesetzeswidrig, sondern auch tierschutzwidrig.

Bis heute hält sich der unsinnige und tierschutzrelevante »Ratschlag«, den Hund kastrieren zu lassen – dann auch noch möglichst früh! –, um aggressives Verhalten zu vermeiden. Oft entsteht dieses Verhalten aber gerade erst durch diese Maßnahme.

WARUM HUNDEGESETZE SELTEN DAS HALTEN, WAS SIE VERSPRECHEN

Berlin und NRW führen Beißstatistiken und veröffentlichen diese Daten auch, eine bundesweite Beißstatistik gibt es nicht. Jeder drastische Beißvorfall ist ein gern aufgegriffener und reißerisch verarbeiteter Aufhänger für die Medien (vor allem im Sommerloch!). Und sicherlich ist jeder mit schweren Verletzungen (oder mehr) verbundene Beißvorfall ein Beißvorfall zu viel. Dennoch kann nur festgestellt werden, dass in Relation zur Zahl der gehaltenen Hunde letztlich doch sehr wenige Zwischenfälle passieren. Das Risiko, an einem Hundebiss zu sterben, ist statistisch gesehen niedriger als das, vom Blitz getroffen zu werden. Zu bemängeln ist, dass die Beißstatistiken zwar den Beißvorfall registrieren, nicht aber den Grund hinterfragen. Warum und wo wurde wer wie gebissen? Wichtige Fragen, wenn es um Ursachenforschung geht. Der gesamte Hergang bleibt im Dunklen.

Aktenkundig gewordene Beißvorfälle, die den Amtsschimmel zum Wiehern bringen, müssen gründlich analysiert werden. Exakte Befragung des Geschädigten und eventueller Augenzeugen durch sachverständige Personen, Bewertung der Art und des Umfangs der Verletzung und eine gründliche Erfassung der Lebensumstände des Hundes, soweit dies möglich ist, müssen erfolgen, um weitere Schritte einzuleiten und gezielte Maßnahmen zu ergreifen. Die heutzutage übliche Konsultation von Dr. Facebook und Prof. Google oder der Versuch autodidaktischer Trainingsschritte nach kostenloser YouTube-Anleitung oder literaturgestützter Selbsthilfemaßnahmen, führen meist ins Leere oder verschlimmern das Gesamte sogar.

Umwelt, Lebensbedingungen und Genetik, das sind die drei Säulen, die Verhalten formen. Die verschiedenen Einflussfaktoren für die Steuerung und Bewältigung von Konflikten sind nicht monokausal, sondern beruhen auf Umweltsituationen, vor- und nachgeburtlichen Einflüssen und genetischen Faktoren. Nur wenn alle Faktoren gleichermaßen optimal gestaltet sind, kann das Optimum für das Individuum erzielt werden. So beeinflussen auch die Aufzuchtbedingungen späteres Verhalten in Bezug auf: »Welches Verhalten bringt mir in welcher Situation einen Vorteil/Nachteil?« Aus diesem Grund bietet die Forderung nach einem einheitlichen, unter Mitwirkung von Verhaltensbiologen entwickelten Heimtierzuchtgesetz einen wesentlich sinnvolleren Präventionsschutz vor aggressiven Auswüchsen von Hunden als die zurzeit existierenden Hundegesetze.

In diesen Zeiten von diversen Hundeverordnungen und unterschiedlichster Hundegesetze je Bundesland wird immer wieder die Frage aufgeworfen, ob und wie sich Aggression vererbt. Bereits seit Jahrzehnten weisen Wissenschaftler Politiker darauf hin, dass das Agieren mit Rasselisten an allen Erkenntnissen vorbeigeht und nichts mehr als blanker (und zynischer!) Aktionismus ist. Leider ist die politische Instanz für Argumente wenig empfänglich, stattdessen wird mit angeblichen Aggressionsgenen argumentiert, die als solche wissenschaftlich aber überhaupt nicht nachgewiesen werden konnten.

Ausnahmen bestätigen bekanntermaßen die Regel und so gibt es gerade bei dem als besonders sanftmütig und familienfreundlich betrachteten

Heutzutage ist jegliches Zeigen von Zähnen schnell verpönt und wird abgelehnt, selbst wenn es wie hier in spielerischer Interaktion erfolgt.

Golden Retriever mehrere Zuchtlinien, in denen Aggression gegen Hunde oder Aggression gegen Menschen mit einer sehr hohen Erblichkeit verankert ist. Die Tatsache, dass wiederum beide Phänomene, Aggression gegen Hunde und Aggression gegen Menschen, selten beim selben Hund auftreten und mit einer sehr geringen statistischen Koppelung belegt sind, zeigt übrigens einmal mehr, dass es nicht **den** aggressiven, noch nicht einmal **den** übersteigert aggressiven Hund gibt.

Ebenso bemerkenswert ist eine Untersuchung, die vor einigen Jahren in der Arbeitsgruppe des britischen Verhaltensmediziners Daniel Mills durchgeführt wurde:
Hier zeigte sich ein Phänomen, das dem Rassismus unter Menschen sehr ähnlich ist: Je weniger Kontakt Menschen mit Angehörigen der als besonders problematisch betrachteten Hunderassen hatten, desto größer war ihre Furcht vor ihnen und desto leichter waren sie bereit, sie negativ einzuschätzen. Je besser sich diese Hunde durch eigene Erfahrung und eigene Vorbilder in der Bekanntschaft kannten, desto geringer war ihre Neigung zur negativen Einschätzung der Rasse als solche. Dieses im menschlichen Bereich als Enkulturation bezeichnete Phänomen liegt ja auch häufig den xenophoben Ablehnreaktionen auf Menschen aus anderen Ländern und Kulturkreisen bei uns zugrunde.

Die nachfolgende Auflistung ist das Ergebnis einer amerikanischen Untersuchung aus dem Jahr 2013. Dabei wurde überprüft, welche Hunderassen in Angriffe auf Kinder involviert waren. Berücksichtigt wurden die in den USA gängigen Hunderassen.

Rasse	N	%
Mischlinge	84	(23)
Labrador Retriever	50	(14)
Rottweiler	18	(5)
Deutscher Schäferhund	16	(4)
Golden Retriever	11	(3)
Pit Bull	11	(3)
Cocker Spaniel	11	(3)
Collie	10	(3)
Chow Chow	9	(2)
Terrier (unbekannter Typ)	9	(2)
Husky	8	(2)
Akita	7	(2)
Australian Shepherd	7	(2)
Dachshund (Teckel, Dackel)	7	(2)
Bull Dog	6	(2)
Mastiff	6	(2)
Shih Tzu	6	(2)
Jack Russell Terrier	6	(2)
Boston Terrier	5	(1)
Boxer	4	(1)
Chihuahua	4	(1)

Rasse	N	%
Dalmatiner	4	(1)
Dobermann	4	(1)
Dänische Dogge	4	(1)
Greyhound	4	(1)
Yorkshire Terrier	4	(1)
Malamut	3	(1)
Neufundländer	3	(1)
Pudel	3	(1)
Bobtail	3	(1)
Springer Spaniel	3	(1)
Bernhardiner	3	(1)
Coonhound (US-Jagdhundrasse)	2	(1)
Lhasa Apso	2	(1)
Shar Pei	2	(1)
Bull Terrier	2	(1)
Cairn Terrier	2	(1)
Scottish Terrier	2	(1)
West Highland Terrier	2	(1)
Andere	19	(5)
Unbekannte/r Rasse / Typ	171	(32)

Der Streit, ob Aggression angeboren ist, somit einen innerlichen Anlass darstellt, oder erworben wurde, was die Reaktion auf einen äußeren Anlass bedeutet, schwelt seit Jahrzehnten. Seit Ende des zwanzigsten Jahrhunderts bereits bildet sich auf verhaltensbiologischer Forschungsebene eine Synthese aus beiden Argumentationslinien heraus.

Die im einleitenden Definitionskapitel besprochene Einschätzung von Aggression als Regulationsverhalten zur Wahrung bzw. Wiederherstellung des äußeren und inneren Gleichgewichts zeigt bereits, dass die Gegenüberstellung von angeborener vs. erworbener Aggression wissenschaftlich derzeit nicht mehr haltbar scheint. Auch die Befunde aus den schwedischen und den zuvor zitierten Golden-Retriever-Studien zeigen deutlich, dass es eben **den** aggressiven Hund nicht gibt.

Es gelang nur in wenigen Labortierstudien, konkret aggressionsbereitere Tiere zu züchten. Es gelang, auf größere Zahmheit zu selektieren, bspw. durch die bekannten Farmfuchszuchtversuche in der ehemaligen Sowjetunion. Dort wurden auf Pelztierfarmen nur diejenigen Füchse in die nächste Generation weiter gezüchtet, die sich vom Menschen streicheln und aus der Hand füttern ließen. Bereits nach zwölf Generationen hatte man eine Zuchtlinie entweder besonders freundlicher oder, bei der anderen Hälfte des Versuchs, besonders ängstlicher und damit auch angstaggressiver Füchse. Auf reine Aggressionsbereitschaft zu selektieren ist aber etwas anderes, als auf eine ängstliche und damit stress-angst-aggressionsmotivierte Allgemeinpersönlichkeit zu selektieren.

Auch Untersuchungen an Labortiermäusen, wie sie in vielen Arbeitsgruppen regelmäßig durchgeführt wurden, zeigen ähnliche Ergebnisse. Es gelingt, innerhalb von 10 bis 15 Generationen auf erkundungsfreudigere, mehr vorwärts motiviertere, dem sogenannten A-Typ zugehörige Mäuse zu selektieren. Diese sind dann auch in bestimmten Situationen aggressionsbereiter, sozusagen hemdsärmeliger. Oder man selektiert auf Zaudermäuse, die kaum einen Kontakt zu anderen Artgenossen, anderen Umweltgegenständen, neuen Räumen etc. suchen. Diese warten dann meistens ab, ob der Gegner sie angreift. Sie sind aber nicht weniger aggressiv, sondern nur defensiver und weniger aktiv im Allgemeinverhalten.
Es gelang übrigens auch nicht, auf Dominanz zu selektieren, auch dies wurde in verschiedenen Zuchtversuchen gerade mit Aquarienfischen, die sich hier besonders gut eignen, immer wieder bestätigt.

Sowohl die Erfahrungen verschiedener Zuchtverbände als auch bspw. die gesetzlich vorgeschriebenen und dann auch abgetesteten Entwicklungen in der holländischen Rottweiler-Population bestätigen dies. Man kann auf allgemeine Entspannung, Stressbelastbarkeit, allgemeine Ruhe im Alltag selektieren, aber nicht spezifisch auf eine geringere Aggressionsbereitschaft in bestimmten Situationen. Nur die allgemeine Erregbarkeit kann Gegenstand einer Selektion sein. Und da die allgemeine Erregbarkeit, die überwiegend von einem Stresshormonsystem gesteuert wird, nämlich dem Nebennierenmarksystem des Adrenalins und Noradrenalins, mit einer recht

Kind und Hund können ein phantastisches Team bilden, wenn die Rahmenbedingungen stimmen und die Erwachsenen ein wachsames Auge auf das Geschehen halten.

hohen Erblichkeit verknüpft scheint, ist bereits innerhalb von wenigen Generationen das Potential zu einem ruhigeren, ausgeglicheren und dann im Nebeneffekt auch weniger aggressiven Hund bestens zu fördern. Man muss sich dazu nur die richtigen Tests aussuchen und deren Ergebnisse dann auch konsequent für die zukünftige Zuchtplanung einsetzen.

Humanpsychologische Untersuchungsergebnisse berichten gehäuft, dass die aggressive Auseinandersetzung mit Konfliktsituationen bei Kindern durch Nachahmung übernommen wird. Es ist durchaus denkbar, dass diese Mechanismen auch bei unseren Hunden wirken, sowohl durch Vorfahren-Nachkommen-Nachahmung als auch durch Angleichung hundlichen Verhaltens an das

des Menschen im Sinne einer bestimmten Form von Stimmungsübertragung. Nachgewiesen wurde allerdings, dass ein einmal massiv angeregtes Stress- und Aggressionssystem zeitlebens anfälliger ist und nur geringe Reize zum Auslösen stressbedingter Reaktionen, auch aggressiver, nötig sind. Auch schwere Erkrankungen in früher Jugend können durch das stark angeregte Cortisolsystem zu aggressiven Verhaltensauffälligkeiten bis zu Autoaggression im späteren Lebensverlauf führen.
Hierfür gibt es Befunde aus einer Reihe von Hundestudien. Gerade schwere Erkrankungen, Verletzungen, Unfälle mit Blutverlust, Operationen, Infektionen, aber auch verstärkte und überdurchschnittliche Impfreaktionen, z. B. mit starkem Fieber in den Wochen zwischen der 8. und 14. Lebenswoche, führen oftmals erst sehr viel später, bspw. mit Beginn der Pubertät nach ca. einem halben Jahr, zu einer deutlichen Verstärkung nicht nur von Angstproblemen und Stereotypien oder Zwangsstörungen, sondern eben auch zu einer erhöhten Anfälligkeit für Angstaggression.

Wenn die Frage nach der Erblichkeit von Aggression auch verneint werden muss, so besteht durchaus eine genetische Komponente zum Aufzeigen einer **Bereitschaft** zu Kampf- und Angriffsverhalten. Es gibt mittlerweile eindeutige Belege, dass selbst vorgeburtliche Umwelteinflüsse auf die Aggressionsbereitschaft wirken. Sozialer Stress während einer Trächtigkeit kann sich massiv auf die ungeborenen Nachkommen auswirken, da er hormonell über die Plazenten weitergegeben wird. Männliche Nachkommen einer anhaltend massiv gestressten Mutter sind in ihrer Entwicklung häufig verzögert, das Gehirn weist retardierte Regionen auf. Bei weiblichen Nachkommen sind oft männliche Strukturzüge feststellbar. Auch die Lage der Embryonen spielt vermutlich für die weitere Entwicklung der Lebewesen eine Rolle: Liegt eine Hündin zwischen zwei Rüden, so entwickelt sie mehr männliche Hormone, da das Testosteron früher vorhanden und wirksam ist als das Östrogen. Dies kann später zu einer Maskulinisierung führen, die Hündin wird u. U. größer, kräftiger, insgesamt rüdenhafter. Bei männlichen Jungtieren ist die Lage egal, da die Auswirkungen gleich sind.
Bei Mäusen wurde nachgewiesen, dass ein Eiweißmangel in früher Jugend zu erhöhter Kampfbereitschaft führt.

Etwas anders scheint die Situation zu sein, wenn ein einzelner männlicher Embryo zwischen einer ganzen Reihe von weiblichen Geschwistern liegt. Züchtererfahrungen lassen hier bereits gewisse Tendenzen erkennen, die in einem Labortierversuch mit mongolischen Rennmäusen systematisch bestätigt werden konnten: Wenn ein einzelnes männliches Jungtier in einem Wurf aus lauter weiblichen Geschwistern fällt, ist dieses Tier oftmals nicht nur etwas zartgliedriger gebaut, sondern eignet sich bei Hunden auch besonders gut als guter Onkel, der für die Jungtiere seiner weiblichen Verwandten in der Zwingerumgebung besonders gut und fürsorglich sorgt. Bei den mongolischen Rennmäusen ließ sich das systematisieren, diese Jungtiere waren tatsächlich die

Maulringen ist gerade bei Welpen und Junghunden verbreitet und beliebt – und kein Grund zur Panik!

idealen Babysitter, die sehr viel weniger Abwanderungstendenz zeigten und dementsprechend auch für längere Zeit im »Hotel Mama« verblieben.

Von enormer Bedeutung ist auch die Entwicklungsphase der Pubertät. In ihr werden die Spielregeln für das Gruppenleben von sozialen Lebewesen erlernt. In der ersten Sozialisationsphase im Welpenalter verschafft das Zusammensein mit Mutter und Geschwistern Urvertrauen. Die Stressresistenz wird angelegt. In der zweiten Sozialisationsphase, die um den Zeitpunkt der Pubertät liegt, werden Grenzen und Regeln gelernt. Gerade männliche Jungtiere sollten in dieser Zeit Kontakt zu souveränen, männlichen Althunden haben, um von diesen angeleitet werden zu können.

Grundsätzlich ist der innerartliche Kontakt in der Pubertät ausgesprochen wichtig. Verhaltensanpassungen werden vorprogrammiert, müssen aber durch Lernen am Erfolg gefestigt werden.

Wichtig: Antiautorität schafft **keine** Souveränität!

Eine der wichtigsten Aufgaben der pubertären »Umkonstruktionen« im Gehirn ist nämlich, die als Exekutivfunktionen bezeichneten, hemmenden und erregungsdämpfenden Nervenverbindungen aus der Großhirnrinde in die tiefer gelegenen, mehr intuitiv-emotional agierenden Teile des Gehirns freizuschalten und zu etablieren. Wie bereits im Zusammenhang mit dem Serotonin geschildert, können diese Exekutivfunktionen nur dann erfolgreich etabliert werden, wenn sie eben auch erfolgversprechend sind. Wer immer nur lernt, dass Selbstbeherrschung nichts bringt oder einen sogar in eine Opferrolle zwingt, der wird auch eher auftrumpfen und die Selbstbeherrschung nicht weiter als erfolgversprechende Strategie etablieren. Deshalb ist es eben auch so wichtig, im Zeitraum der Pubertät nicht mit blindem Druck oder gar aggressiv-gewaltbereiten Methoden zu arbeiten, sondern die Anlagen des Junghundes zu fordern und zu fördern. Kontrolle über seine Umwelt auszuüben bedeutet eben nicht, dass man tun und lassen kann, was man will. Es bedeutet aber sehr wohl, dass man vorhersagbare »Wenn-dann«-Beziehungen im Gehirn etablieren kann, also dass sich die Umwelt vorhersagbar und planbar verhält. Daraus kann man dann seine Schlussfolgerungen für die Zukunft und die zukünftigen Handlungsanweisungen ziehen. Übrigens, der Mensch funktioniert hier wie der Hund! Vieles von dem, was wir hier geschrieben haben, könnten Sie auch in der Ehe- und Familienberatung oder in der Therapie von verhaltensauffälligen jugendlichen Menschen wiederfinden und anwenden. Sie sehen also, Sie bekommen quasi drei Bücher zum Preis von einem.

Die Einordnung in eine Rangordnung ist bei Jungtieren bereits in sehr frühen Entwicklungsstadien vorhanden. Bei geselligen Tieren tritt Rangordnungsverhalten nach dem Spielverhalten auf, bei solitären Tieren ist es umgekehrt. Das erste Auftreten findet in der fünften bis sechsten Lebenswoche statt, muss sich aber später stabilisieren. Im sozialen Mittelfeld finden viele Spielsequenzen statt, mittlere Rangordnungsinhaber sind bindungsfähiger und -fester. An der Spitze der Rangordnung stehen die späteren »Abwanderer«, also diejenigen Tiere, die in der Natur den eigenen Sozialverband verlassen würden, um einen eigenen zu gründen oder sich anderweitig anzuschließen. Rangtiefste Welpen bleiben rangtiefe Individuen. Sie sind häufig Einzelgänger oder »Prügelknaben«.

SCHLUSSBEMERKUNG

Aggressive Verhaltensweisen sind gesellschaftlich unerwünscht, auch, wenn sie vor biologischem Hintergrund und durch biochemische Prozesse erklärbar sind. Das betrifft Mensch wie Hund bzw. Tier. Deshalb müssen sie in akzeptable Bahnen gelenkt werden. »Pöbeleien« und »Rastelli«-Verhaltensweisen sind jedem Hundehalter unangenehm, doch ist das eigentliche Problem nicht die Aggression an sich, sondern die **übersteigerte** und/oder **unangepasste** Aggression.

Wir hoffen sehr, dass wir Ihnen, geschätzter Leser, mit den vorangegangenen Ausführungen und Erläuterungen genügend Stoff zum Nachdenken und Infos zum Verstehen der Resultate des Nachdenkens an die Hand gegeben haben.
Nach erfolgter gründlicher Lektüre werden Sie auch verstehen, warum wir wiederholt ausdrücklich darauf hinweisen, dass dies vorliegende Buch **kein** Trainingsbuch ist. Es kann und darf keine »Bedienungsanleitung für aus dem Ruder geratene Hunde« als Pauschalrezept geben, alle »Behandlungstipps« wären maximal Tipps, die (bei leichteren Entgleisungen) vielleicht helfen können – aber nicht müssen.

Wer mit hundlichem Aggressionsverhalten konfrontiert ist, der findet in unserem Buch (hoffentlich!) Ansatzpunkte und Hintergrundinformationen, die ihn als Hundehalter befähigen, sich kompetente Hilfe zu suchen, oder als Trainer unterstützen, sachkundigere Trainingsschritte aufzubauen. Gern unterstützen wir auch bei der Suche nach kompetenten Ansprechpartnern und/oder stehen mit der Tierverhaltensmedizinischen Beratung »Einzelfelle« (einzelfelle.de) für Sie zur Verfügung!

Wir danken wie immer ganz besonders:

- den vielen Trainerkolleg/innen und Hundehalter/innen dafür, dass sie uns ihre Hunde und Erfahrungen als Beispiele und Denkanstöße vorgestellt haben.
- dem Schreib- und Rechercheteam von UG für die vielfältige und wichtige Arbeit im Hintergrund.
- den Autorinnen der Infokästen Mag. Bettina Hinte-Breindl, Bianca Müller MSc und Ina Müller MSc für die Ergebnisse ihrer noch unveröffentlichten Studien.
- allen zukünftigen Leserinnen und Lesern für ihr Vertrauen in uns.

Petra Krivy PD Dr. Udo Gansloßer

QUELLEN & LITERATUREMPFEHLUNGEN

Affenzeller, N.; Palme, R.; Zulch, H. (2016): Playful activity post-learning improves training performance in Labrador Retriever dogs (Canis lupus familiaris). Physiol.Behav. 168, S. 62–74

Archer, J. (1988): The Biology of Aggression. Cambridge UP

Aureli, F.; De Waal, F.B.M. (2000): Natural Conflict Resolution. University of California Press

Chen, H. H.; Neumeier, A.T.;Davies, B.W. (2013): Analysis of Pediatric Facial Dog Bites. Craniomaxillofac Trauma Reconstr. 2013 Dec 6(4), S. 225–232

Elsing, N.; Spitzley, I.; Gansloßer, U. (2012): Untersuchungen zur Auswirkung des Maulkorbtragens auf Hunde. S. 105–124 in Gansloßer, U. (Hrsg): Hund, Wolf und Co. Filander, Fürth

Elsing, N.; Spitzley, I. (2015): Der Maulkorb beim Hund. S. 87 – 112 in: U. Gansloßer (Hrsg): Kommunikation und Konfliktmanagement. Filander, Fürth

Engel, J. (2002): Methodenkritischer Vergleich verschiedener Verhalten zur Beschreibung von Dominanzbeziehungen. S. 59–66 in Gansloßer, U. (Hrsg): Gruppenmechanismen. Filander, Fürth

Gansloßer, U. (Hrsg) (2011): Natürlich Aggessiv. Filander, Fürth

Gansloßer, U. (Hrsg) (2013): Bindung und Beziehung. Filander, Fürth

Gansloßer, U.; Kitchenham, K. (2015): Beziehung – Erziehung – Bindung. Kosmos, Stuttgart

Gansloßer, U. (Hrsg) (2017): Emotionen beim Hund. Filander, Fürth

Gansloßer, U.; Kaufmann, C.A.; Knezevic, K. (2017 im Druck): Säugetierverhalten. 2. Auflage. Filander, Fürth

Käufer, M.; Gansloßer, U. (2017): Auszeit auf Augenhöhe. Kosmos, Stuttgart

Kappeler, P. (2006): Verhaltensbiologie, Springer Berlin – HD – etc.

Kaufmann, C.A.; Forndran, S.; Stauber, C.; Wörner, K.; Gansloßer, U. (2017): The Social Behaviour of neutered male dogs compared to intact dogs. Veterinary Medicine Open Journal 2, S. 22–37

Krivy, P.; Gansloßer, U. (2011): Verhaltensbiologie für Hundehalter – Das Praxisbuch. Kosmos, Stuttgart

Krivy, P.; Gansloßer, U. (2014): Ein guter Start ins Hundeleben: Der verhaltensbiologische Ratgeber für Züchter und Welpenbesitzer. Kosmos, Stuttgart

Krivy, P.; Lanzerath, A. (2010): Hunde verstehen. Müller Rüschlikon, Stuttgart

Krivy, P.; Lanzerath, A. (2016): Einfach gut erzogen. Müller Rüschlikon, Stuttgart (2. Auflage)

Krivy, P.; Lanzerath, A. (2012): Darf der das? Müller Rüschlikon, Stuttgart

Krivy, P.; Lanzerath, A. (2017): Das Sturkopf-Erziehungsbuch. Müller Rüschlikon, Stuttgart

Krivy, P.; Lanzerath, A. (2017): So geht's nicht weiter. Müller Rüschlikon, Stuttgart (2. Auflage)

Niepel, G. (2007): Kastration beim Hund. Kosmos, Stuttgart

Orritt, R.; Hogue, T.E.; Mills, D.S. (2016): Risk factors associated with human directed aggressive behavior and dog bites. Proc CSF5, S. 116 (Marinelli, L.; Mongillo, P., eds) Padova Univ Press, Padua

Schalamon, J.; Ainoedhofer, H.; Singer, G.; Petnehazy, T.; Mayr, J.; Kiss, K.; Höllwarth, M.E. (2006): Analysis of Dog Bites in Children. Pediatrics 117, S.374–379

Starling, M.; Branson, N.; Cody, D.; McGreevy, P. (2013): Conceptualising the Impact of Arousal and Affective State on Training Outcomes of Operant Conditioning. Animals 3, S. 300–317

Strodtbeck, S.; Gansloßer, U. (2011): Kastration und Verhalten beim Hund. Rüschlikon Stuttgart

van Schewick, M. (2013): Kind und Hund. Filander, Fürth

van Schewick, M. (2014): Kind trifft Hund: Mit Sicherheit ein gutes Team. Müller Rüschlikon, Stuttgart

Wahl, K. (2009): Aggression und Gewalt. Spektrum Akademischer Verlag, Heidelberg

Warstat, V. (2015): Futterrangordnung. S. 209 – 220 in: U. U. Gansloßer (Hrsg): Kommunikation und Konfliktmanagement. Filander, Fürth

Zink, C. et al (2014): Evaluation of the risk and age of onset of cancer and behavioral disorders in gonadectomized vizslas. J. Am. Vet. Med. Assoc. 244, S. 309–319

NÜTZLICHE ADRESSEN

Hundeschule Tatzen-Treff
Petra Krivy
Zur Grube 2
57399 Kirchhundem
Tel. & Fax: 02764-7706
E-Mail: info@tatzen-treff.de
Web: www.tatzen-treff.de

Tierverhaltensmedizinische Beratung »Einzelfelle«
Bremer Str. 21a
90765 Fürth
Tel.: 0911-790 93 60
Fax: 0911-790 59 72
E-Mail: info@einzelfelle.de
Web: www.einzelfelle.de